U0181150

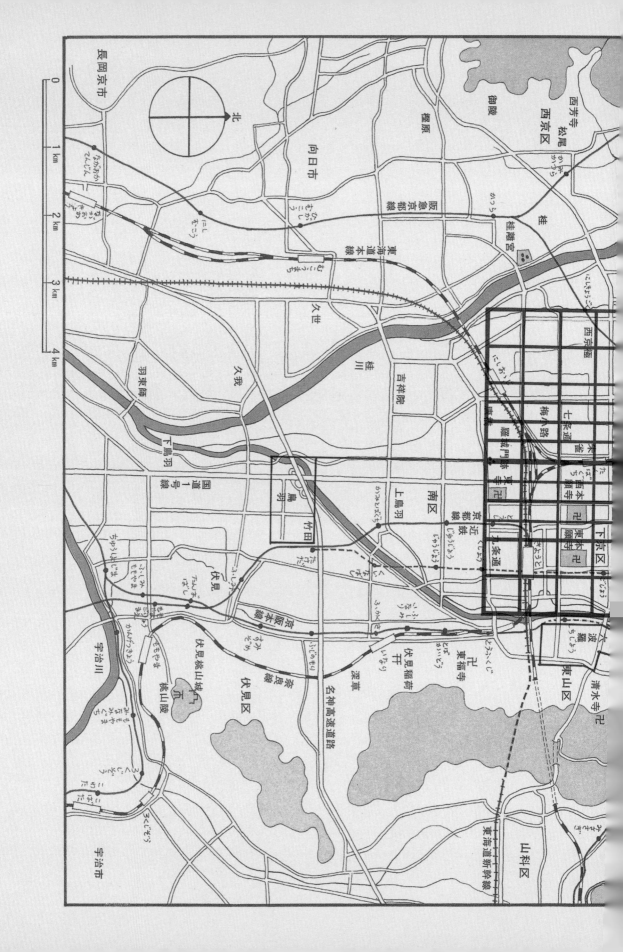

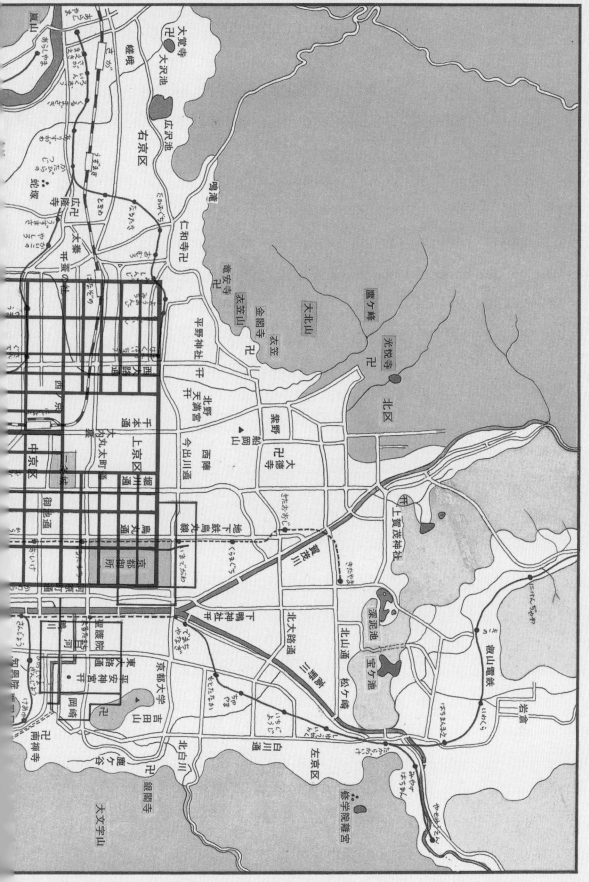

嵯峨・嵐山方面

大覚寺卍 大沢池

広沢池

広隆寺卍 蛇塚

右京区

太秦

平野神社 天満宮

仁和寺卍

竜安寺卍

衣笠山

金閣寺卍

衣笠

大北山

鷹ヶ峰

光悦寺卍

北区

今出川通

西陣

千本通

大宮通

堀川通

烏丸通

大徳寺卍

紫野

船岡山

北野天満宮卍

西大路通

平野神社

上京区

京都御所

地下鉄烏丸線

賀茂川

上賀茂神社

下鴨神社卍

北大路通

北山通

松ヶ崎

深泥池

宝ヶ池

叡山電鉄

岩倉

修学院離宮

御池通

中京区

京都御所

鴨川

今出川

東大路通

百万遍

京都大学

吉田山

左京区

白川

銀閣寺

大文字山

聖護院

平安神宮卍

三条通

北白川

哲学の道

鹿ヶ谷

熊野

岡崎

南禅寺卍

知恩院

御池通

文
景
———
Horizon

日本营造之美

第二辑

京都

千二百年

都

（上）

从平安京到庶民之城

［日］西川幸治　高桥彻　著

［日］穗积和夫　绘

高嘉莲　译

目 录

太古时期的京都盆地是一座湖泊

夏季闷热，冬季则寒冷彻骨。这就是以过去的平安京、现在的京都市区为中心的京都盆地的气候特色。据说，这是当地"湖底式地形"带来的影响。

距今约两百万年前，濑户内海东边的断层运动造成地层下陷，由此形成的太古湖泊即为京都盆地的前身。原本海水入侵会形成海湾，但因为周围山地带来泥沙及地盘隆起等因素使这里变成

了湖泊，最后形成陆地。

有学者称这座湖泊为"旧山城湖"。京都市东南部的宇治川下游左岸，直到太平洋战争爆发前还是一片宽广的巨椋池，据说留下许多京都盆地曾是湖泊的痕迹。这个池塘因为排水开垦工程而消失，继而成为农田，现在还建了新的公寓住宅。

北区上贺茂的深泥池面积比巨椋池小些，现仍留有太古湖泊的样貌。这片池塘东西长 450 米、

南北宽 250 米，位于北侧环抱着盆地的北山与平地的交接之处。池塘有四分之一形成浮洲，以众多包括食虫植物在内的水生植物而闻名。

浮洲的低平处为睡菜群所覆盖，泥炭藓四处丛生。池塘中长着京都料理中不可或缺的莼菜、菱角等，池面还漂浮着满江红等植物。经由探钻调查，研究人员根据地底深处泥土层中的花粉判断出，早在一万多年前的远古时代，这里就已经开始生长喜好潮湿环境的植物。从地质学来看，自冰河时期末期的维尔姆冰期（约一万至六万年前）开始，这里就是湿地。

睡菜是生长在北半球亚寒带到寒带的湿地植物，日本只有本州岛中北部的山岳地带和北海道才看得到。不过在一万多年前，现今近畿所在地亦能得见，后来因为气候暖化而近乎灭绝，只能在深泥池残存至今。

京都盆地一带开始有人类出现，是在考古学所说的旧石器时代后期，仅能追溯到三万年前。从深泥池背后的罂粟山遗迹、盆地西侧大觉寺后山的菖蒲谷遗迹和西南方向日丘陵东麓的岸下遗

迹等包围盆地的群山及山麓，发现了刀形石器及头部削尖的锥形石器等文物，被认为是当时人类使用的工具。

冰河时期结束，到了气候暖化的绳纹时代，白川与贺茂川由山上流入盆地形成的三角洲人类居民就明显增多了。以京都大学农学院附近的北白川绳纹遗迹群为首，四处可见绳纹时代的知名遗迹。根据推测，这一时期的人类与之前旧石器时代的居民一样，以在水边捕鱼和到周围群山打猎、采摘果实为生。

进入接下来的弥生时代不久，稻作文化沿着淀川向上游扩展开来。在桂川与淀川合流之前的下游流域，有云宫遗迹、鸡冠井遗迹、森本遗迹等弥生时代前期的知名遗迹。其后，稻作文化从原来的盆地东侧扩展到北侧。这个时期的湖泊逐渐开始陆地化，盆地中央也发现了人类居住的痕迹，即今日位于京都御所西侧上京区的内膳町遗迹。

从伏见区的深草遗迹可以看出，弥生时代中叶出现了大型聚落，京都盆地开始被开发了。

京都盆地特有的"夏闷热冬严寒"气候，就源自这种湖底式地形风土。

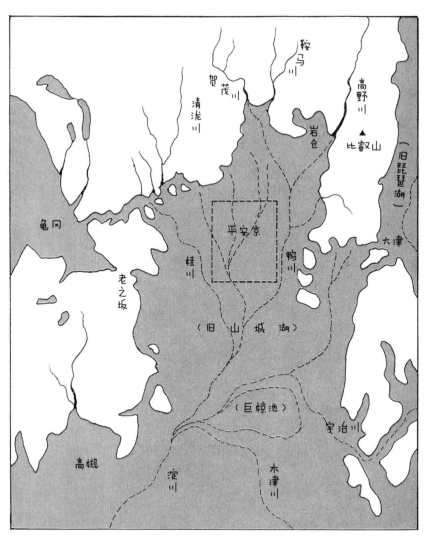

太古时期的京都盆地
（虚线代表后来形成的河流）

渡来人的开发

据《山城国风土记》记载，京都的贺茂社流传着一则传说。

从天上降临到日向（现在的宫崎县所在地）曾峰的贺茂建角身命，作为神武天皇进入大和，落脚于葛城山峰。不久后移居山代（山城）国冈田的贺茂（现在的相乐郡加茂町，冈田鸭神社所在处），随后下木津川，再沿着贺茂川（鸭川）往上，最后定居在久我（贺茂川上游的古称）国北侧山麓。

建角身命在当地娶了丹波国的神野之女为妻，生下两个孩子。某日，小女儿玉依日卖在濑见小河边戏水时，从上游漂来了一支朱漆箭。她拾起箭放在地上，顿时怀孕生下一个男孩。

小孩长大成人，在摆酒设宴庆祝时，祖父建角身命说："把这酒拿给你认为是父亲的人喝下。"这孩子于是举起酒杯向天祭酒，然后冲破屋顶升天而去。建角身命于是将孙儿命名为贺茂别雷命。奉祀别雷神的是上贺茂社（贺茂别雷神社），奉祀建角身命与玉依日卖的是下鸭社（贺茂御祖神社），这三位皆被视为司掌雷与水的农耕神。

京都盆地曾经显赫的氏族

广隆寺的弥勒菩萨

9

蚕之社

　贺茂的这则传说可能源自农耕在当时的显著发展。贺茂建角身命的迁移显示出贺茂氏从大和到南山城、伏见、北山的迁徙路线。20世纪80年代，在被视为大和贺茂氏根据地的葛城山东麓奈良县御所市鸭都波遗迹发现了弥生时代铺排着板桩的水路。这是一种以铁器将木材切割成板状，用以引水灌溉的水路。静冈市的登吕遗迹是弥生时代知名的水路，而鸭都波遗迹的水路则更为古老、精巧。拥有新农耕技术的葛城山一带的居民为了寻找新天地而移居京都盆地的历史，应该也反映在这则传说中。

　据《日本书纪》记载，应神天皇前往近江国途中，在宇治一带吟唱了这首和歌："眺望千叶葛野，见百千足家院，亦见国之丰秀。"

意思是，极目眺望葛野（京都盆地）一带，就能看到众多房舍和富饶之国的景象。这应是应神天皇当政的古坟时代中期，歌颂此地繁荣景象的一首民谣。当时"渡来人"[1]运用大陆的新土木技术，积极开发京都盆地的西部到东南部一带，水田面积扩大，农业开始有了长足的发展。

来自大陆的秦氏一族首先定居在盆地西边的嵯峨野一带。位于桂川以西、松尾之里的松尾大社，是京都最古老的神社之一，而松尾山大杉谷的盘座（神祇坐镇之处）则以神灵之姿被视为秦氏的氏神。受到奉祀的大杉咋命是贺茂氏的祖先建角身命之父，相传"鸭氏（贺茂氏）[2]为秦氏之婿"，由此可见秦氏与贺茂氏之间曾存在着婚姻关系。

古坟时代中后期的5、6世纪，盆地西部似乎居住着一群势力雄厚的人，在当地留下被称为"天皇之杜"的皇家古坟以及蛇冢古坟等许多大型古坟。建于6世纪末的蛇冢古坟有巨石做成的横穴式石室，其雄伟可媲美奈良明日香村的石舞台古坟，据推测应该是这一带权倾一时的秦氏族长之坟。

秦氏是虔诚的佛教徒，曾建造广隆寺作为宗祠。广隆寺别名蜂冈寺或秦公寺，是603年（推古十一年）秦河胜为奉祀圣德太子赐予的弥勒菩萨所建——这尊佛像被奉为第一国宝，远近驰名。寺旁有座京都人称之为"蚕之社"的木岛神社，奉祀着养蚕、纺织之神等神明，据说也起源于秦氏等渡来人的率先奉祀。

位于盆地东侧深草区的伏见稻荷大社原名"稻成"，亦即祈求五谷丰饶的农耕之神，相传秦氏于711年（和铜四年）奉之为氏神。北方的东山法观寺，相传是八坂造等人于589年（崇峻二年）所建造。八坂造是来自高句丽的渡来人，原居南山城，后迁至盆地东侧，开拓八坂乡一带，建造了祇园社的前身八坂神社。

盆地东侧的法观寺与西侧的广隆寺各据一方，俨然成为渡来人技术开发京都盆地的具体象征。

纺织

---

1 渡来人：外来移民，特指4—7世纪来自中国大陆和朝鲜半岛的移民。——译注。本书注释如无特殊说明，皆为译注。
2 鸭氏（贺茂氏）：日语中"贺茂"与"鸭"同音，故有混用。——编者注

建设长冈京

　　随着渡来人的迁入以及与外国使节的相互往来，日本与亚洲大陆的交流日益频繁，吸收的先进文化技术为传统文化技术带来了极大的变革。例如，伊势神宫的掘立柱[1]与茅草屋顶这样的传统建筑手法，被佛教寺院架设础石的红色圆柱和瓦片屋顶等大陆建筑技术所取代。同时日本也开始以大陆的首都为范本规划井然有秩的都城。

　　694 年（持统八年）的新都藤原京是日本第一个以大陆都城为范本建造的都城。虽然有人认为，早先兴建的难波宫和大津宫也是经过都市规划而建的，不过考古学尚未予以证实。

　　710 年（和铜三年），政治中心由藤原京移转到平城京，日本也从飞鸟时代进入了奈良时代。这座被讴歌为"繁花锦簇满城香"而繁荣盛极一时的平城京，最终也经历了被迁都的命运。781 年（天应元年）即位的桓武天皇为了执行政治改革，决定在山背（山城）国长冈村兴建新都，也就是长冈京。784 年（延历三年）十一月，国家的中心迁移到了京都盆地的西南部。

　　长冈京长久以来都被视为"临时京城"，甚

1　掘立柱：将柱子直接打入地基的立柱法。

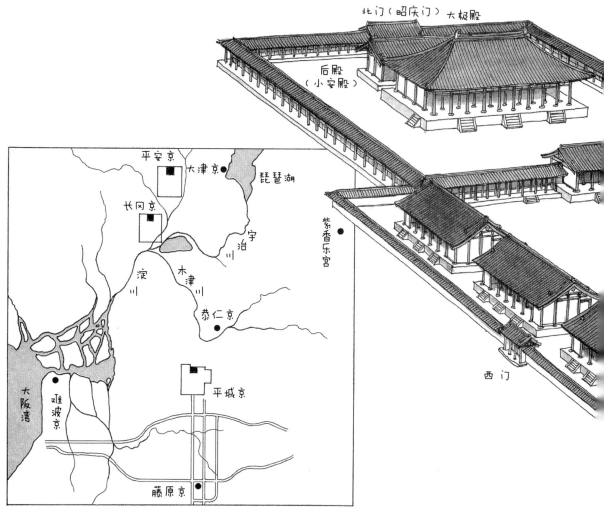

至有人怀疑它的存在。经由当地研究学者中山修一等人的努力，宫城的中心朝堂院南门（会昌门）遗迹在1955年出土，这才出现了解除疑问的契机。后续的调查工作现在仍持续进行中，挖掘业已超过一千次，结果发现当时不仅有宫殿、官署等建筑，还修建了规划性道路。除此之外，像是各地运来的物产上所系的木简货品标签等文物，也陆续出土。长冈京建都虽然不到十年，但在此期间确实一直是国家的政治中心。

长冈京的宫殿中心位于现阪急京都线西向日站北侧不远处，东西约4千米，南北约6千米，横跨今日的向日市、长冈京市、大山崎町以及京都市伏见区。长冈京与平城京一样，宫殿都设在京城北侧。

挖掘调查发现的都市规划道路、宫殿、官署

的房舍配置，以及陶器、瓦片的烧制技术，与平城京时代的文物有明显的不同。

794年（延历十三年），桓武天皇兴建平安京，废长冈京，原因不明。从建都长达70年的平城京迁都长冈京后，社会并不安泰，加之发生了主导迁都的藤原种继暗杀事件，对怨灵的恐惧也促成了日后迁都平安京。

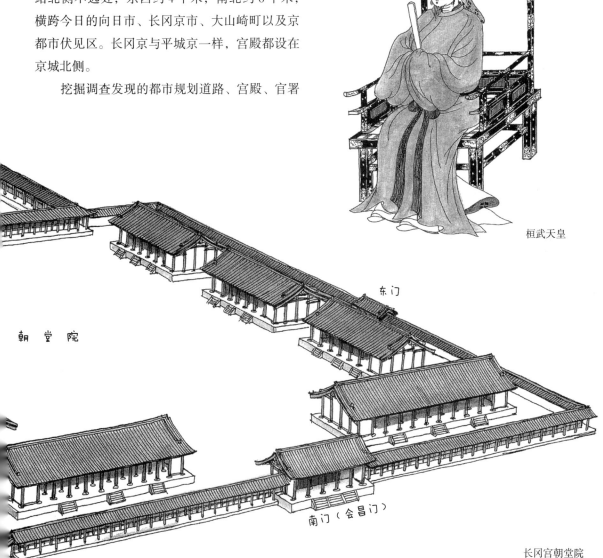

桓武天皇

东门

朝堂院

南门（会昌门）

长冈宫朝堂院

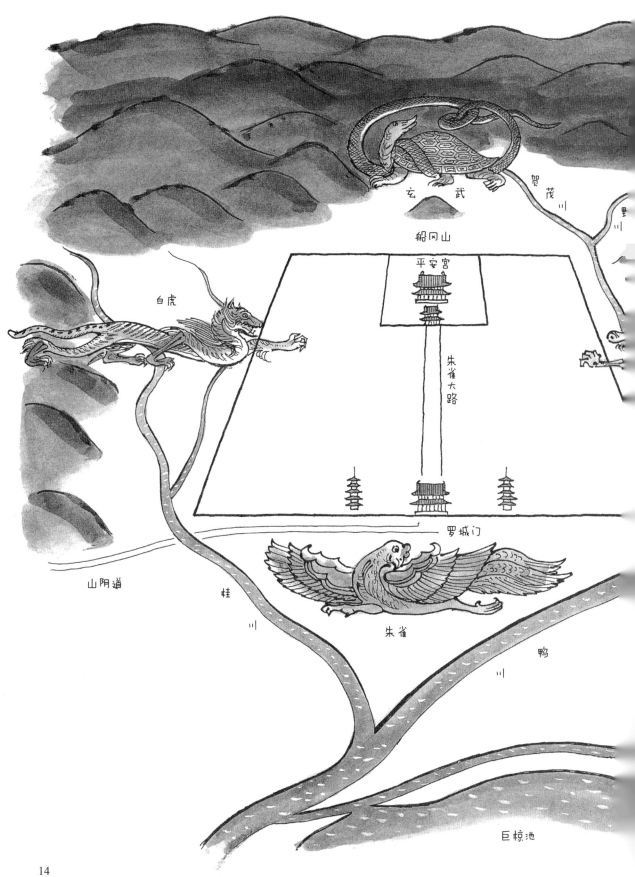

玄武　　　　賀茂川

船冈山

白虎　　　　平安宫

朱雀大路

罗城门

山阴道　　桂川

朱雀

鸭川

巨椋池

14

龙

平安京的营建

794年（延历十三年）十月二十二日，桓武天皇带领贵族公卿从长冈京迁移到东北方葛野（即京都盆地中央）的新都。接着在十一月下诏，改"山背国"为"山城国"，将新都命名为"平安京"。

桓武天皇舍弃历时仅十年的长冈京，迁都至平安京，此后便不再建新都，使这里成为"千年之都"。

平安京建于东边的鸭川与西边的桂川之间的平原地带。鸭川发源于京都盆地的北山，向南与高野川交会前的河段称为贺茂川，另外有一条几乎由北向南纵贯京城中央的小河称为堀川。以前学界一直认为，贺茂川原本流经堀川的河道为了确保建都用地而遭到改道，成为现在的东南向。不过根据最近调查发现，贺茂川改道之说有其可疑之处。

京都兴建南北纵贯的地铁时，在乌丸通[1]的乌丸中学前地下5米处钻到了坚硬的岩层，这里正好是平安京的北边一带。地质学家调查发现，这是从西北朝东南方贯穿京都盆地的脊梁状岩层的一部分，若是贺茂川流经堀川河道，必须穿越这个岩层。因此，贺茂川改道之说才会受到质疑。

和藤原京、平城京一样，平安京的中轴线也是朱雀大路，即今日的千本通所在地，南边是梅小路电车调度场及京都市中央批发市场。这条朱雀大路向北延伸，会碰到标高约100米的船冈山。京都盆地标高约70—80米，所以这座丘陵虽然绝称不上高峻，但却怡然独立，从山顶向南看，市区景致尽收眼底。看来以这座山为基准辟建朱雀大路的说法应当没错，还有说法认为由吉田山往西延伸的一条通是当时东西向的标准。

据说平安京是选在"四神相应之地"兴建的，这是源自重视风水的中国传统思想。所谓"四神"，指四方的守护神，即东青龙、西白虎、南朱雀、北玄武。四神相应之地，就是指东有河、西有道、南有湖、北有山的地形。以平安京的地形来说，东有鸭川，西有山阴道，南有巨椋池，北有船冈山，可以说是一块福地。

---

1 乌丸通：通，指道路，日本的街道多命名为"某某通"。——编者注

以条坊制为基础的都市规划

平安京仿照中国以都城制为都市规划的基础，将皇城平安宫设置在北方。然后从平安宫南方中央建造一条70米宽的南北向道路，称为朱雀大路。再以此为京城的中轴线，建设纵横交错的棋盘状道路。都城以朱雀大路为界，东侧为左京，西侧为右京。南北向的大路由东起依序为东京极（四坊大路）、东洞院（三坊大路）、西洞院（二坊大路）、大宫（一坊大路）、壬生、朱雀、皇嘉门、西大宫（一坊大路）、道祖（二坊大路）、木辻（三坊大路）、西京极（四坊大路），共计十一条。东西向的大路从一条到九条，加上为了避开平安宫而不与朱雀、壬生、皇嘉门等大路交会的土御门、近卫、中御门、大炊御门等四条大路，共计十三条。

尽管今日的京都仍留有平安京时期的街貌，却不表示这些街道依然全部留存。长达千年的历史代表这座城市曾经历过大火、战乱等巨大变动，不过从路名和地名中仍可一窥平安京时期的城市风貌。

20世纪70年代，经由挖掘调查确认了地下残留的平安京时期的街道架构。比如，决定建山阴线高架铁路后，从1972年开始挖掘曾是朱雀大路的千本通地段，挖掘路径从三条通到梅小路电车调度场长约3千米。可惜挖掘过程中并未发现排水沟或筑地塀[1]等众所期待的遗迹,说明这部分遗迹已被破坏殆尽。

后来,京都市中央批发市场增改建方案动工前的调查,才终于在 1975 年发现了朱雀大路东侧

的排水沟遗迹。1984 年,朱雀大路与七条坊门小路交叉路口的遗迹也出土了。大路的排水沟以木条为挡土栏,宽 2.5 米,深约 30 厘米,宽度在十字路口处约缩为 1 米左右。五十根直径约 10 厘米

---

1 筑地塀:木骨夯土墙,一般带有砌瓦屋顶。——编者注

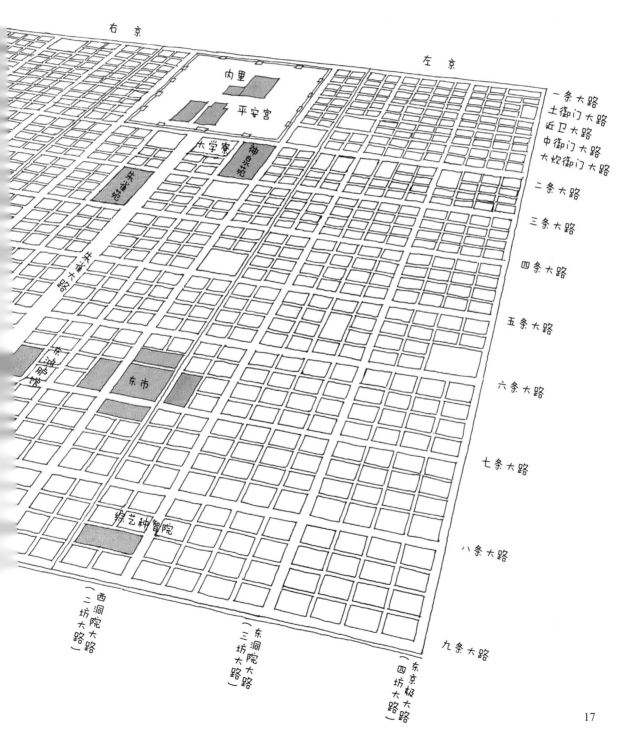

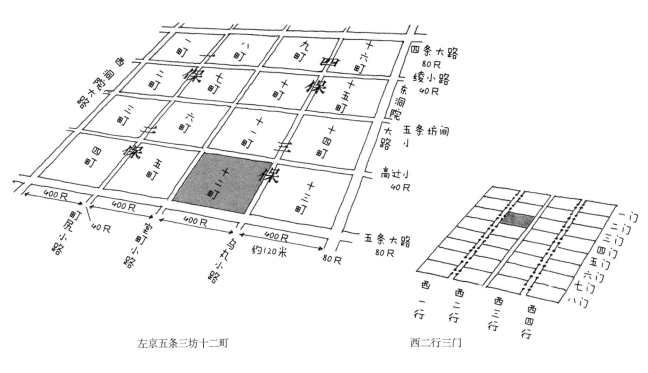

左京五条三坊十二町　　　　　　　　　　　　　　　西二行三门

的木桩分三列打入地底，每列长约 7 米，与学者推测的七条坊门小路宽度一致。木桩上铺着板子，可见当时将路口的水沟做成了暗渠。这次调查也证实了当时朱雀大路的路面铺嵌着小石子。

　　1974 年动工的地铁工程前进行的调查，在乌丸通挖掘了一条贯通南北的勘探沟，从而了解到平安京以及其后的街道面貌。最有意思的发现是，查明了五条通以南的平安京街道到室町时代为止几乎都没有变动过。此外，经由围绕改建、增建等再开发方案的调查，在京都各处展开了小面积的挖掘工作，使平安京时期的古代街道面貌渐渐呈现。

　　平安京的设计以条坊制为基础。以大路区隔东西南北四区，称为"坊"。再将坊以东西向、南北向各三条道路区隔成十六个小区块，称为"町"。四町称为一"保"，而四保为一"坊"。因此，任何地点都能靠这个系统清楚标记，例如"左京五条三坊十二町"。而构成这个棋盘状城市的条坊制，源自中国古代的都城结构。

住宅用地的分配也以条坊制为基础。三位[1]以上的贵族拥有四十丈（约 120 米）见方的一町，四、五位的贵族为二分之一町，六位以下则为四分之一町。平民实行"四行八门制"，将一町分为东西四等份，称作"四行"，一行分为南北八等份，称为"八门"，亦即将一町分为三十二等份，每等份的拥有者称为"户主"，这就是平民的居住单位。标记地址时就写成这样的格式："左京五条三坊十二町西二行三门"。

平安京南北向的朱雀大路属于特殊道路，东西向的二条大路也是如此，宽约 51 米，从平安宫南面向东西两边延伸。二条大路北边有高级贵族的府邸与官署。南边是一般贵族与官吏、平民的住宅。其实迁都后进行都市规划的平安京，房舍本就未遍布全京城，从 828 年（天长五年）记录下的"京内共五百八十余町"状况看来，住宅区大概只占平安京都市规划的一半面积。

1　位：日本古代官位制，从正一位到少初位下共三十级。——编者注

平安宫

平安宫是平安京的中心，亦称为大内里，被四条道路环绕，南有二条大路，北有一条大路，东有大宫大路，西有西大宫大路。宫城周围有筑地塀，南侧与北侧各开三门，东侧与西侧各开四门。皇宫的正门是位于正南方的朱雀门。朱雀大路由这里通往京城南端的罗城门。

进入朱雀门，稍往北走就是应天门。站在应天门朝北眺望，可看到会昌门和里面雄伟的大极殿。殿前罗列着十二个厅堂，左右各六，相互对称。北侧的正殿大极殿与其前方的十二朝堂被称为朝堂院，天皇即位或谒见外国使节等重要活动皆在此举行，可说是平安宫的中心。

1994 年 6 月经调查发现，大极殿的遗迹位于现在南北向的千本通与东西向的丸太町通交叉口附近。此交叉口的西北方有一座儿童公园，园中耸立的石碑上刻着"大极殿遗址"。原本位于此

地的大极殿，于 1177 年（安元三年）付之一炬，此后再未重建。

朝堂院的西边是丰乐院，位于中央的大广场北侧，正殿名为丰乐殿。广场东西两侧皆有殿舍，以回廊相接。这里是天皇设宴之处，大尝祭[1]、节庆、射礼、赛马、相扑等活动皆在此举行。丰乐院与朝堂院同为平安宫最重要的厅院，举目皆是豪华的建筑。1987 年年末，丰乐殿遗迹出土，它以源自中国的版筑工法将泥土一层层捣实做成高高的基座，再用切齐的凝灰岩修饰周围。从插过柱子的洞可以判断主屋东西宽七间[2]、南北长两间，四周有厢房围绕。另外，遗址中还发现以绿色釉药烧制的凤凰形绿釉瓦飞檐。由此可见，这是一座东西 45 米，南北 16 米，有绿色屋顶的雄伟建筑。这也是借由考古挖掘发现的首例平安宫中心建筑结构。

---

1 大尝祭：天皇即位后的重要神道教祭祀，一位天皇只会经历一次，于即位当年十一月举行，旨在祈求"五谷丰登，国泰民安"。
2 间：此处指建筑中两根柱子之间的距离，大极殿的柱间距约为 4.5 米。

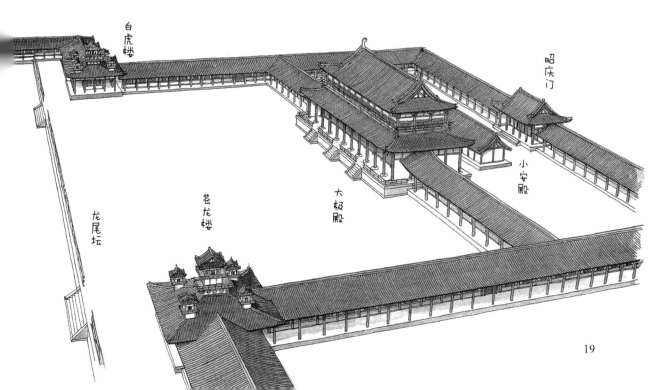

平安宫主要建筑物的所在地，现今已经是大楼与商家聚集的市区，不过从位于左京区冈崎的平安神宫可以看到从前的影子。平安神宫是为了纪念平安京建都1100年以朝堂院为模型所建，但其中省略了朝堂的行列，建筑规模约缩小为八分之五。不过大极殿与前面左右分列的苍龙楼与白虎楼，还有设在正面的应天门等，都呈现出平安宫的形貌。

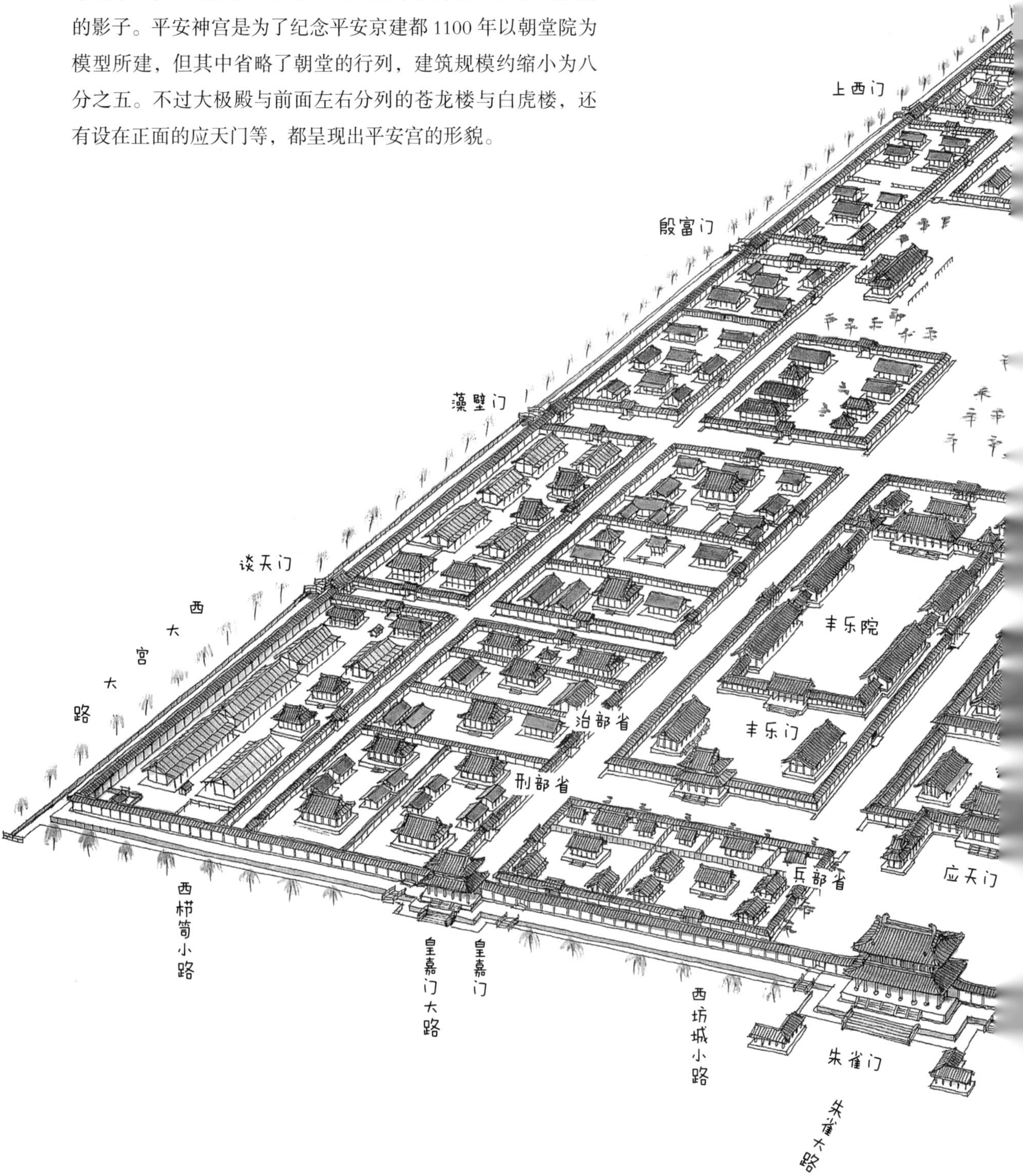

上西门

殷富门

藻璧门

谈天门

西大宫大路

丰乐院

丰乐门

治部省

刑部省

兵部省

应天门

西栉笥小路

皇嘉门大路

皇嘉门

西坊城小路

朱雀门

朱雀大路

参考梶川敏夫的复原图绘制的平安宫

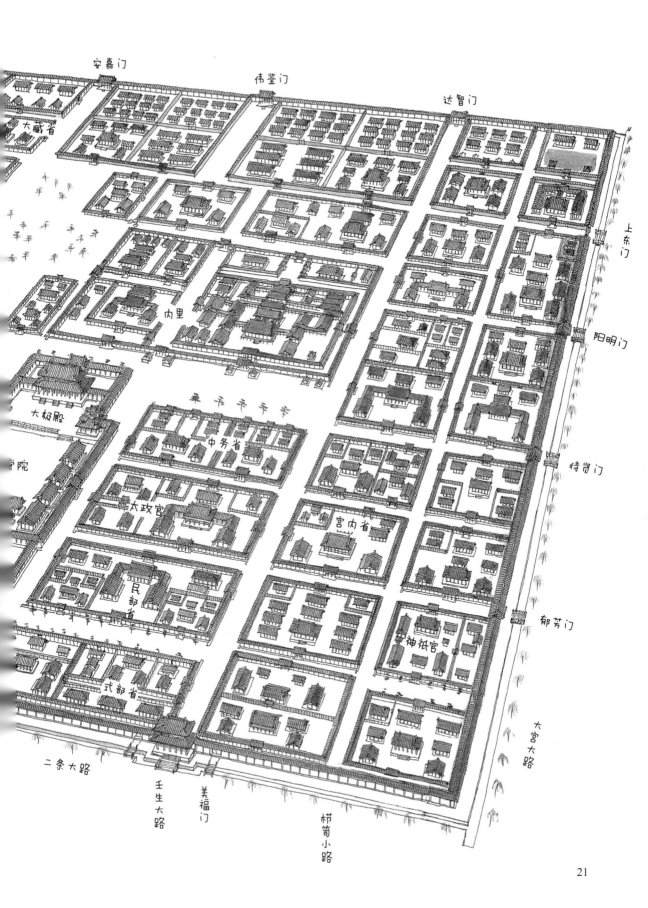

安嘉门

伟鉴门

达智门

大藏省

上东门

内里

阳明门

大极殿

待贤门

中务省

学院

大政官

宫内省

民部省

神祇官

郁芳门

式部省

二条大路

大宫大路

壬生大路

美福门

栉笥小路

21

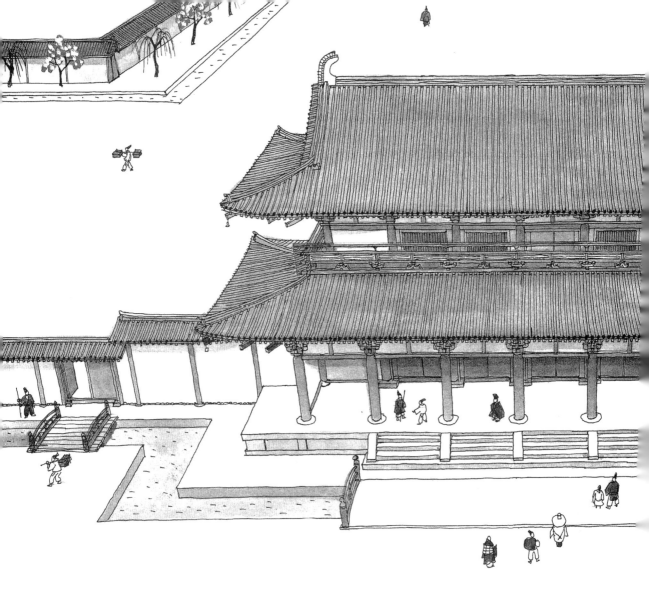

罗城门——平安京的正门

朱雀大路与平安京南端的九条大路交叉处是罗城门，其左右分拥东寺与西寺两座寺院建筑。从该处继续往南，有一条被称作"鸟羽新道"的道路。这条路是在建设京城时新开辟的道路，直通南边的鸟羽港。鸟羽港是平安京这座内陆都市的外港，十分繁荣，平安京所需物资都在此卸货。此外，从唐代中国和渤海国等地来访的外国使节和来自日本

各地的旅客也在鸟羽港登陆，再沿着这条新路北上平安京。旅客一接近平安京，首先映入眼帘的就是坐落在城南的罗城门。时至今日，在京都东寺西边约500米处的儿童广场还留有写着"罗城门遗址"的石柱，但罗城门的正确位置尚未能确认。

罗城门宽七间、长两间，是一座有五扇门的"重檐母屋造"楼门，白墙红

兜跋毗沙门天神像

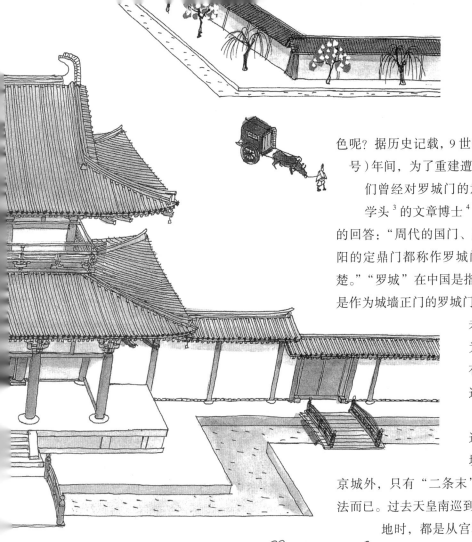

色呢？据历史记载，9 世纪中叶的贞观（日本年号）年间，为了重建遭火灾焚毁的应天门，人们曾经对罗城门的意义议论纷纷。当时大学头[3]的文章博士[4]巨势朝臣文雄予以含糊的回答："周代的国门、唐代长安的明德门、洛阳的定鼎门都称作罗城门，但其意义却不甚清楚。""罗城"在中国是指城墙外另修的环墙，但是作为城墙正门的罗城门，其意义与功能却一直未能厘清。这大概是因为日本古代的都城并没有环绕城墙的"罗城"这种东西存在吧。

平安京的棋盘式街道没有区隔京城内外的城墙，街道直接延伸到京城外，只有"二条末""七条末"[5]这样的说法而已。过去天皇南巡到鸟羽、石清水、春日等地时，都是从宫城沿朱雀大路南下，出罗城门走鸟羽新道。据推测，当时罗城门所在的京城南端可能有一堵区隔城内外的高墙。

中国在城市外围兴建罗城是为了防御外敌来袭，同时也设置了可控制出入的城门，以开合来掌控攻守节奏，这就是罗城门。但是在日本，设在南边的城墙及罗城门都不具备防御都城的功能，而是扮演着类似凯旋门的角色，用来迎送外国宾客和前往东北平定虾夷地[6]的征夷大将军。

柱支撑着"本瓦葺"[1]屋顶，屋脊两端安置着绿釉"鸱尾"[2]。这就是平安京的正门。如今东寺金堂安祀的 1.89 米高的兜跋毗沙门天神像，据说过去就安置在罗城门城楼，监守往来的群众。

当时的罗城门在人们心中扮演着什么样的角

---

1 本瓦葺：筒瓦与板瓦交错铺迭的屋顶。
2 鸱尾：古代宫殿屋脊两端的瓦制吻兽装饰，又名"鸱吻"。
3 大学头：相当于律令制度下的国子监。
4 文章博士：在当时的大学教授诗文、历史的老师。
5 末：有路底、路尾之意。
6 虾夷地：日本古时对北海道、库页岛和千岛群岛的总称。

东寺与西寺——镇护国家的寺庙

在罗城门北侧、朱雀大路的左右两侧面朝九条大路方向，建有东寺与西寺。

东寺在平安京中占地"二町四方"，至今依然可窥其风貌。从南到北依次是南大门、金堂、讲堂、食堂等寺院建筑，是少数今日依然可一窥平安初期寺庙建筑风貌的建筑群。位于东南隅的五重塔也依然耸立在原来的位置。这座五重塔完成于元庆年间（877—885），是迁都平安京后约八十年的事。

东寺初建成时，南大门与金堂之间还有一座中门，与金堂以回廊连接，围成一个长方形的庭院。

讲堂的北、东、西三面各有整排的屋舍，是供僧侣居住的僧房。这种僧房围绕在讲堂三边的建筑形式称作"三面僧房"。每间僧房都由回廊与讲堂相接，与平城京东大寺及元

---

1 相轮：佛塔顶端的圆锥体装饰物，由宝珠、龙舍、水烟、宝轮、请花、伏钵、露盘等由上而下依序组成。

兴寺的手法相当类似。

在室町时代，1486 年（文明十八年）的"土一揆"农民起义中，大半建筑物遭祝融烧毁。东寺也一直到近世初期才重建成今日的面貌。

讲堂于 1491 年（延德三年）重建，金堂在丰臣秀赖的捐赠下，于 1603 年（庆长八年）以桃山时代的建筑技法，依照原来的平面大小重建。五重塔则在进入江户时代后的 1644 年（正保元年）重建，从地面到相轮[1]

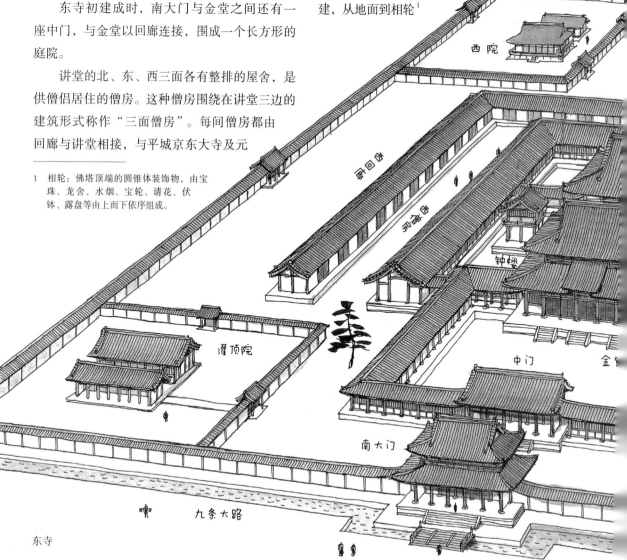

东寺

高达 55 米，是现存五重塔中规模最大的一座。

尽管所有的建筑物都是后代重建的，但是重建时都以复原当年的伽蓝寺院为目标，因此依然可略窥平安时代初期的东寺面貌。

另一方面，西寺的雄伟原本不逊于东寺，但是在平安时代中叶的 990 年（正历元年）惨遭祝融肆虐，残存的五重塔也在镰仓时代（天福元年，1233）付之一炬，此后未再重建，终为人所遗忘。1959 年以后，在今天的西寺儿童公园与唐桥小学

境内进行多次挖掘调查，才发现此处曾有一座建筑配置几乎与东寺相同的寺庙存在，进而依据东寺与西寺的中轴线确认了朱雀大路的位置。

东寺与西寺的营造是平安京都市规划的一部分，是国家级的官寺。其兴建目的是为了镇护国家，希望借由佛法保护国家安全，消弭灾难。刚迁都到平安京时，国家严禁个人在京城内兴建寺庙，而东寺与西寺是少数获准建成的。

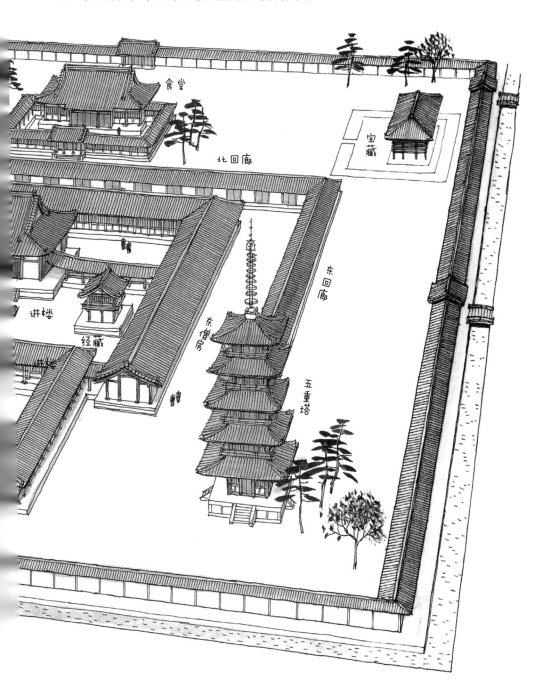

东市与西市——交易与交流的场所

七条附近有两处供应京城百姓生活所需、贩卖食品与日用杂货的市场，设在朱雀大路两侧相对称的位置，分别称作"东市"与"西市"。

东市原本位于今日西本愿寺一带，从条坊区划来看，南靠七条大路，北靠七条坊门小路，东靠崛川小路，西靠大宫大路，是面积达四个町的方形街区。西市则位于今日西七条的街区。

1977年，在西大路七条的十字路口拆除京都市营的电车铁轨时，发现了从"和铜开珍"到"乾元大宝"的两百多枚"皇朝十二钱"[1]。另外还找到了建筑物及水井等遗迹，井底还有布片、草鞋，以及鲍鱼和海螺的贝壳出土。由这些遗迹可

1 皇朝十二钱：708—963年日本铸造的十二种铜钱。

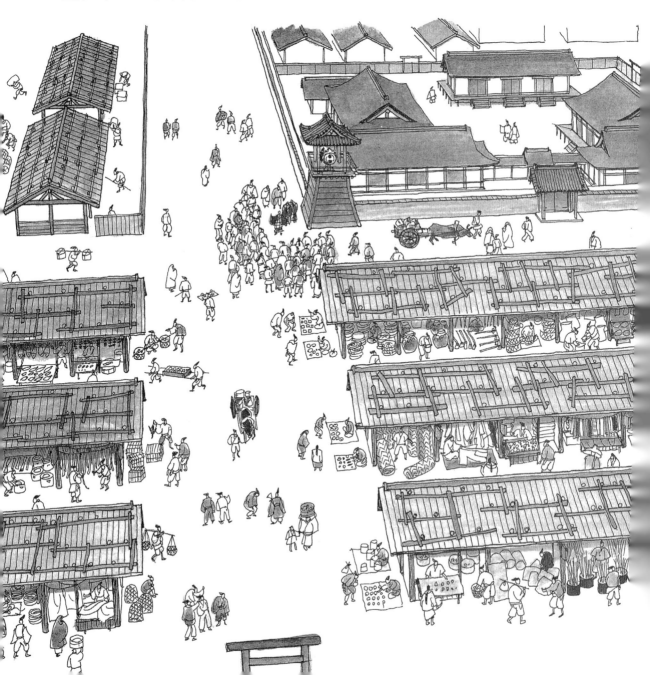

一窥与西市共生的庶民生活。

10 世纪以后，这个"方形四町"的四面向外各延伸了两个町，形成"外町市场"。1978 年，在外町市场所在的七条小学校区出土了许多木简标签，上面写着"米五斗""大豆"之类的食物名，以及"长门国"等当时的国名。此后，东市所在地、今日的平安高中校园也展开了挖掘工作，这些挖掘调查的成果，逐渐拼凑出市场当年的面貌。

东市与西市在过去由掌管平安京司法、行政、警察的左京职与右京职直辖的"市司"部门负责管理。市场交易、假货监察、尺升秤等度量衡检验、物价管理和检察等业务，都由市司一手包办。与现代的国营市场相比，当时政府对市场的控管要严格许多。

市场入口的大门上建有"市楼"，奉祀着市

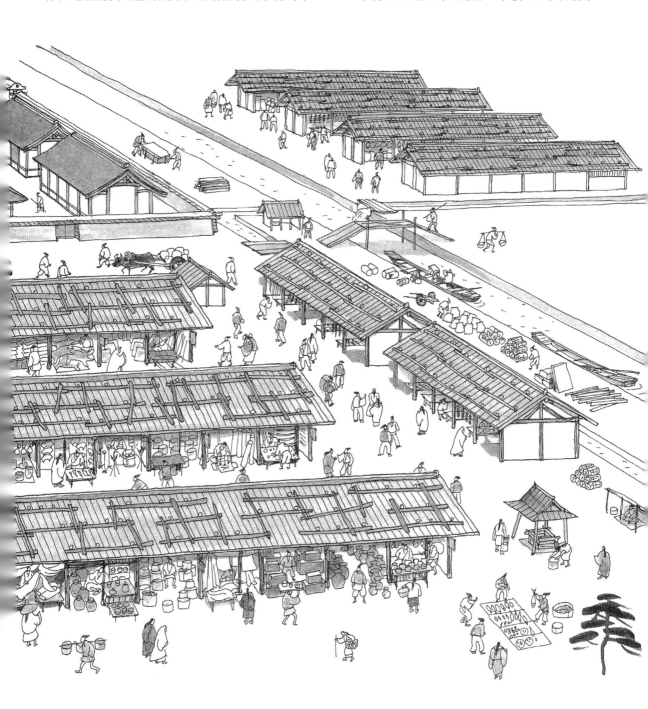

古希腊的城市

声、烽火为信号，召集市民到卫城进行防御。没有战事时，市民也到此集合共商市政。而在卫城丘堡下形成的市区，也自然形成市民群聚的日常生活中心——广场[2]。

相较之下，平安京对百姓日常生活的照顾就有些欠缺了。

市场原为进行交易的场所，但人们聚集在此时，官府会拖出罪人游街，甚至当街行刑以杀鸡儆猴。演变

着钛政

场女神"市姬"。此门正午开启，日落前敲三次大鼓后关闭。《延喜式》[1]记载，东市有五十一家店，西市有三十三家店，每家店都悬挂着称之为"标"的招牌。东市与西市销售的商品不同，东市在上半个月营业，西市则在下半个月营业，两个市场轮流开放。

当时只有东市与西市被允许贩卖商品，价格也严禁随意更动，居住在一条、二条一带的居民也只能到七条采购，往往要耗费一整天的时间。

姑且比较一下古希腊的都市与当时的京都。古希腊的城市规模更多地体现了人的尺度，人们凭借眼睛和耳朵找到都市的中心，并可以步行到达。耸立在城市中央的卫城丘堡，是外敌来袭时避难、防卫的堡垒。同时为了表彰战胜外敌的喜悦，还在该处建神殿，奉祀都市之神。当城市遭到攻击时，以大鼓、钟

1 《延喜式》：平安时代中期编纂的律令施行细则。
2 广场：英文为 Agora，指四面有柱廊的广场，亦为集市和聚会中心。

到后来，人们便在五月与十一月择一吉日，在东市与西市举行"着钛政"（戴枷笞刑仪式）。由鞍马[1]的居民扮演盗贼或铸造假钱的罪人，被施以鞭刑后，戴上称作"钛"的脚镣送入监狱。

此外，市场也会出现讲经的僧侣，10世纪的空也上人就是一位活跃于市场讲经的僧人，有"市圣"之称。

当时的东市与西市，对平安京的居民而言，

是不可或缺的交易与交流广场。

虽然东市与西市曾经是地位独一无二的购物中心，但西市首先衰微，东市到了平安时代末期也逐渐没落。到了12世纪末，官设的东市已淡出人们的记忆。商业中心转移到了新生的市区，沿着街道两旁形成了线状的新购物中心。

---

1 鞍马：京都市内的地名。——编者注。

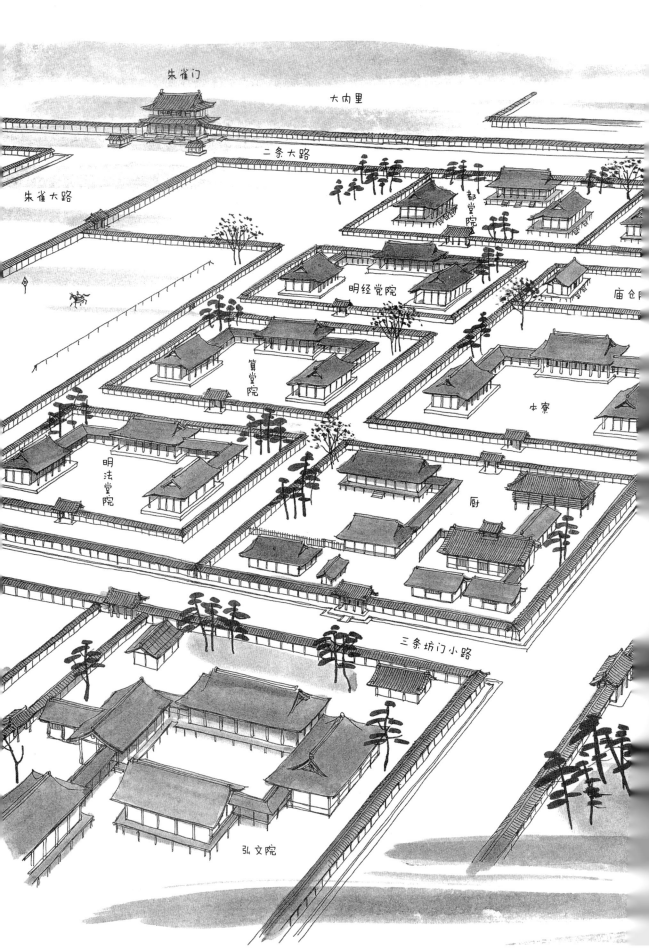

大学寮与综艺种智院——大学城的雏形

朱雀大路两侧有美丽的白色筑地塀，还种植着柳树与樱树。《古今和歌集》曾歌咏这种华丽的景象："放眼望去，柳樱交错，京城呀，春季似锦。"

在朱雀大路这条华丽的平安京中轴线北端立有朱雀门，门前即为大学寮。大学寮在朱雀大路的东侧，是教育贵族子弟、培养未来执行律令体制的高级官僚的机构，是有入学资格限制的国立大学。校园占据四个町的面积，除了举行仪式用正厅"本寮"外，还有教授历史、文学、作文的"都堂院"，教授儒教经典的"明经堂院"，教授数学的"算堂院"，以及教授法律的"明法堂院"等校舍。

贵族为了自家弟子，还在大学寮南边设置了专用宿舍，称为"大学别曹"。藤原氏的劝学院、和气氏的弘文院、橘氏的学馆院与王氏的奖学院都属于此类。

空海和尚到中国留学期间见到中国城市每个街坊都设有被称作"间塾"的学校，让一般百姓，甚至贫苦儿童也能接受教育。因此，空海接管创寺未久的东寺后，在828年（天长五年）成立了针对一般百姓的教育机构"综艺种智院"。这是日本第一所私立大学，校园位于东寺东边的左京九条二坊。

在此有僧侣教授佛教典籍，同时还有被称作"世俗博士"的非僧学者讲授儒学与道教，这些都是公开课程。遗憾的是，综艺种智院创立不到二十年就在空海过世后的845年（承和十二年）关闭了，但是这所学校不论身份高低、贫富都能入学的传统，对日本平民教育的普及产生了很大影响。今日堪称日本规模最小的大学"种智院大学"，就是承袭综艺种智院的传统。

平安京东北边的比叡山也是一个学问中心。最澄和尚在比叡山建造的草堂，后来成为守护平安京的镇国道场——延历寺，也是一座研究佛法的学问寺。愿意忍受严苛的山居生活，上山追求学问与修行的人络绎不绝。因此，最澄希望在山中设立一个学问与修行的场所，以建构佛教的理想世界。后来，其弟子圆仁等人继承了他的理想。

东面北门

神泉苑

大学寮

神泉苑与御灵会

　　京都市政厅前有一条宽广的东西大道,名为"御池通"。它在与南北走向的"堀川通"交叉处以西突然变得十分狭窄,因为这条路从那里开始,进入了昔日的古道。太平洋战争末期,为避免空袭的延烧而强制性拆除了建筑物,才有了现在这样的大路。

　　御池通在平安京的都市规划道路里算是三条坊门小路,正好位于二条大路与三条大路之间。它在大内里前方一带,被一座名为"神泉苑"的大庭园分隔。神泉苑是为了天皇特别仿照中国禁苑建造的,由北边的二条大路、南边的三条大路、东边的大宫大路和西边的壬生大路所包围,占地东西两町、南北四町,是一座宽广的庭园。

　　800 年(延历十九年),桓武天皇曾经驾临于此。至少在当时,这里已有庭园和水池。最初兴建时以大池塘为中心,以正殿"乾临殿"为首,左右配有高殿,池塘对面还有钓殿等建筑,四周环绕着茂密的树林。御池通的名字就来自这个大池塘。德川家康建设二条城的时候虽然破坏了大部分庭园,但现在还有部分池塘残留着平安时代庭园的影子。1992 年春天,随着地铁东西线工程的挖掘调查,发现了旧神泉苑的一部分。

　神泉苑以汉武帝的甘泉宫为范本建造。中国称神话中的昆仑山所流下来的水为"神泉"，平安京也将灵验的圣水称为"神泉"，因此把神泉所在的庭园命名为"神泉苑"。神泉苑的池塘利用了迁都前湖沼区的部分土地，所以才会涌出被敬为灵水的神泉吧。

　平安朝的贵族在这个池塘上泛舟，并在船上享受诗歌琴笙之宴。不过后来这里作为祈雨和驱除瘟疫的圣地被使用，也在饥馑时作为京城的蓄水池。

　自 824 年（天长元年）空海和西寺的僧侣比赛祈雨法术以来，这里就经常举行祈雨仪式。862 年（日本贞观四年），为了赶走瘟疫，一般庶民也参加了祈福驱邪的祭典御灵会。

　平安京人口密集之后便出现了瘟疫。为了不让那些因瘟疫死于非命的亡灵作祟，开始举行让怨灵安息的御灵会。869 年（贞观十一年）瘟疫流行的时候，祇园社对应当时全日本的六十六个小国制作了六十六支锋（长矛）用以祭祀牛头天王，并列队游行走向神泉苑，这就是祇园祭的由来。

贺茂祭的热闹景象

对平安京的百姓来说，提起祭典，首先是春天的贺茂祭，也就是上贺茂神社与下鸭神社的祭典。因为游行的人都会佩戴葵叶头饰，所以又称作"葵祭"。

据说贺茂祭在 6 世纪就已经出现，但从平安时代之后，才开始有规模壮丽的游行阵容。游行会从内里一直走到下鸭神社和上贺茂神社。在迁都后

不久的 806 年（大同元年），贺茂祭正式成为朝廷举办的官方祭典。810 年（弘仁元年），由公主担任祭司主持祭典之后，祭典就更为隆重华丽了。

从清少纳言和紫式部活跃的 10 世纪后期到 11 世纪初期，开始有了用来观赏祭礼的观礼车和看台，祭典成为一种观赏性的娱乐活动。紫式部的《源氏物语》有一则很有名的故事，就以观赏此祭

典游行为背景，描述了女人之间"抢车"的过程。

　　祭典的队伍从内里开始，穿过一条大路，朝着贺茂的河边行进。大路上排满了装饰华丽的观礼车，还有极尽巧思的看台。最开始看台只是沿着宅邸的筑地塀搭建的观赏席，但渐渐地越做越豪华，后来竟变成用桧木皮铺顶、围上栏杆，再加以装饰，这样原本的临时看台就变成固定的设

备，也成了招待客人的应酬场所，盛装的贵夫人也坐在这里观赏。而对一般老百姓来说，观赏华丽的看台也成了参加祭典的乐趣。可以说，京都从那时候起，就奠定了观光都市的基础。

　　贺茂祭在应仁之乱后中断了近两百年，其后也曾中断过数次，到了1884年（明治十七年），才固定成为现在的样子。

坟地——阴界的入口

　　人口一旦集中，就会产生各种问题。如何埋葬死人就是其中之一。镰仓时代的吉田兼好在《徒然草》中有过以下记述：

　　"京内人众多，无一日无人死。一日非仅一二人。鸟边野、舟（船）冈，或山野处，送葬数多之日有，无送葬之日无。故鬻棺者做无闲置。"（城市里人口众多，没有一天不死人的，一天甚至不止一两人。虽然墓地也很多，可是每天到处都在埋葬死人，所以棺木卖得非常好。）

　　平安京的坟地东有鸟边野，北有莲台野，西有化野，另外还有吉田山、西院、竹田、深草等地。

　　京都现在每逢盂兰盆会，被人们昵称为"六道先生"的六道珍皇寺寺门大开，东山的松原通坡道上就会挤满来"参拜六道"的人，道路两旁排满了贩卖灯笼和高野罗汉松的摊贩。

　　一进门右手边是篁堂，供奉着平安初期闻名于世的学者、诗人小野篁的雕像以及阎王像。相传小野篁白天为朝廷工作，一到晚上，就借助高

野罗汉松的松枝，从这一带的水井下到阎罗王所在的阴间衙门去。

京都人在一年一度的盂兰盆会时，会到珍皇寺来迎接亲人的灵魂。珍皇寺门前的道路称为"六道十字路"，被视作通往黄泉的道路。所谓"六道"，就是人死后依照生前的所作所为会去的六种迷界（天上、人间、修罗、畜生、饿鬼、地狱），也就是指阴间。

夏天的年中祭典，佛教称为"盂兰盆会"。这个词源自古印度的梵语。此外，中亚的粟特人把灵魂叫作"Urvan"，为了祭拜会燃烧一种叫作杜松的桧木科植物。他们相信祖先的灵魂会随着香气的导引，回到子孙家里接受供养。这种习俗结合了佛教的祖先供养，以及中国道教祈求长生的中元节仪式，最后演变成日本今日的盂兰盆会。

一年一度迎祖灵的六道参拜祭典，融合了遥远的印度、中亚、中国习俗，京都人传承这项习俗已有千年之久。

从船冈山西侧到纸屋川一带的莲台野是京都北侧的坟地，这里的千本阎魔堂与东侧鸟边野的珍皇寺形成对比。位于船冈山以西、南北走向的千本通大道之名，就源自通往莲野台路上竖立的一千支卒塔婆[1]。

诗歌"鸟边野之烟，化野之露水"中的"化野"，就位于嵯峨野深处的小仓山北侧山麓。无名百姓的遗骸会被弃置在这片荒野任其腐烂。化野念佛寺据说就是空海为这些无名孤魂所盖的寺庙。中世以后，法然以此寺作为念佛道场。八月二十三日、二十四日举行"地藏祭"时，会在祭拜孤魂野鬼用的八千具石佛上点灯，法师会边诵经边在石佛群中绕行。这项千灯供养的法会至今依然每年举行。

衣笠山的山中与山麓古时也是坟地，与化野同是风葬地。送葬在此的遗体只以衣服或稻草等物覆盖，直接放在地上任其腐化。据说"衣笠山"之名就由此而来。此外，鸭川河原（河滩）也是百姓放置尸体的葬尸之地。每到农历二月十六日，人们就会在四条河原把石头堆成塔状以供养亡灵，称为"积塔会"。

位于右京中央的南北向道路——道祖大路，又名"佐比大路"。这条大路往南跨越桂川之处，过去也是百姓的坟地，称作"佐比河原"。该处有一座佐比大桥，还建有佐比寺。今日当然不论在佐比乡下或佐比寺，都已不见坟地的踪影，这些坟地想必早在桂川屡次泛滥时就被冲刷殆尽了。被视为通往冥界中途站的"赛之河原"[2]，据说就源自佐比河原。

---

1 卒塔婆：雕刻成塔形、竖立在墓地上作为供养功德之用的细长木板。
2 赛之河原：意指冥河河滩。

平安京的坟地

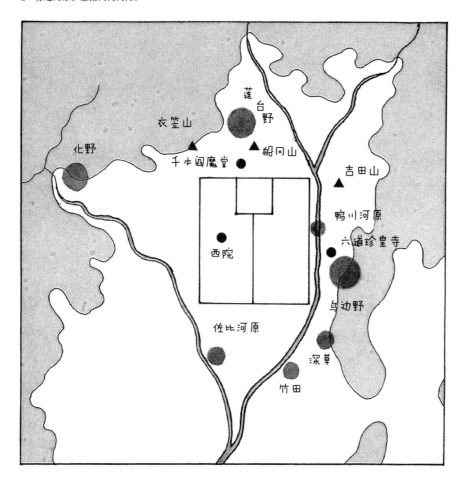

官衙町——商业都市的缘起

　　日本古代迁都不断，一直到桓武天皇之子嵯峨天皇才将平安京定为"永久之都"，从此不再迁徙。

　　809 年（弘仁元年），平城上皇开始建造宫殿，计划将首都迁回原来的平城。来年，藤原药子等人发起"药子之变"，企图使上皇复辟。这场政变过后，上皇权力尽失，嵯峨天皇得以贯彻以平安京为"万代之宫"的理想。

　　根据《延喜式》记载，平安京东西宽一千五百零八丈（约 4 508 米），南北长一千七百五十三丈（约 5 241 米）。在这么大的京畿之中，到底住了多少居民呢？

　　关于平城京的人口，泽田吾一根据昭和初期正仓院的户籍及税赋账簿数据，计算出约 20 万的结果。但也有观点认为，实际人口只有泽田吾一所说的一半，也就是约 7 万—10 万，真正的数字已难考究。更何况在平安初期，像正仓院史

料这类可供计算人口的统计资料极为稀少，要推算人口十分困难。不过一般认为，平安初期的人口最多在 17 万—18 万，或在 15 万之谱，少则有 12 万—13 万。

　　京城的居民除了天皇、皇族与贵族公卿之外，还有通称为"杂色"的在各官衙担任杂役的卫士、舍人[1] 和厨师，以及农民。当时的农民会到京城外自己所分配到的"口分田"去耕作。可以说平安初期的人口中，大半是农民。

　　平安京一成以上的人口是在律令政府辖下各官厅担任杂役的人。他们从地方被征调到京城来服"年役"，当班时就在指派的官衙工作，未当班时休息待命的地方则是各官厅所属的"厨町"。"厨"指的就是厨房。

　　首都还在大和时，在各官厅工作的农民据说都住在自己出身的"国土"（乡里）。现在以丰前、丹波、飞驒等古国名为村间名的"国名村"，就

1　舍人：伺候皇室贵族的下级官员。

是古代遗留下来的产物。到了平安京时代，官厅制度和官司制度更为发达，因此出现了隶属于各官厅的厨町。

厨町集中在左京的二条大路以北，这一带有许多长屋状建筑。这些区域以机关名或职业名为称呼，如带刀[1]町、图书町、采女[2]町、官厨町、织部町、木工町、舍人町等等，是名副其实的官衙町。后来在镰仓时代的书籍《拾芥抄》中，把这些官衙町统称为"诸司之厨町"，所以现在的学者将之称为"诸司厨町"。

诸司厨町在 10 世纪左右开始有了变化。914年（延喜十四年）三善清行提出的《意见十二箇条》中有记载："六卫府（负责护卫皇宫的机关）的舍人排定早晚护卫的轮班后，不当班的人本应

---

1 带刀：护卫。
2 采女：女侍。

到东西两侧的带刀町休息待命，可是他们却散居各地，而不住在宿舍等待轮班。"（第十一条）由此可见，当时有些官衙町已经消失了。另外，负责生产和搬运的官衙町，不当班的时候并非只有待命，还要负责各自机关的管理工作。后来渐渐形成所谓的"座"（同业公会），开始有了工商活动，办公街、商业街也就应势而生了。

诸司厨町的居住者大多是从地方来服年役的课役户。随着时代的变迁，成为下级衙役定居下来的人也开始增多。后来，由于作为古代国家基本制度的律令制开始崩坏，多数官衙町也就随之消失了。不过也有一些其他的发展，比如后来有些织部町的工人开始从事纺织业，或是在织部司工作的人从织部町工人那里学习技术纺织出一般市场上贩卖的布匹，开始做起生意。京都具代表性的纺织区西阵，就脱胎于这个织部町和舍人町。

而木工町则开始制作卖给一般平民的各种日常家用器具。原本是为官厅制作器具的地方，渐渐发展成消费品的生产地或交易区。商业之都京都的原点，就在诸司厨町。

西钓殿　中门　西对屋　渡殿　中岛　东钓殿　车宿

贵族宅邸的寝殿造

平安时代到了后期，贵族宅邸开始出现"寝殿造"这一形式，而其中最典型的基本样式大概如下所述。

筑地塀围绕的大宅中央是主人居住的地方，在此设置朝南的"寝殿"，也是举行仪式活动用的正殿。正殿的东西两侧有一对分别名为"东对屋"与"西对屋"的侧殿，北侧有后殿，在其两侧又有一对侧殿，是夫人和家人居住的地方。正殿和侧殿则由称为"渡殿"的回廊连接起来。

正殿的南边有池塘和假山，池畔设有"钓殿"。此外，还运用巧思以石头铺设水路引水入池塘。北侧则有厨房、灶屋及仆人的厢房等。上级贵族的宅邸，面积标准大概是一町见方（约1.4公顷）。其住宅的特征，是将举行公开仪式和接待客人用的正式空间，与私密的家人日常生活的"家"空间，非常清楚地划分开来。

寝殿
（正殿）

北对屋
（后殿）

东对屋

侍所

以前认为寝殿造建筑的形式大概是 10 世纪中叶发展完成的，可是从最近的挖掘调查结果来看，时间还要早上一个世纪左右。

1988 年春天，京都市埋藏文化财研究所在京都市下京区中堂寺南町的大阪瓦斯京都制造所旧址（现在是京都研究园区）挖掘出了寝殿造建筑的遗迹。这里正是平安京右京六条一坊五町的位置，经过现代都市规划整理的京都，难得出现一块占地约一町四方的七成，也就是 10 000 平方米的广大土地可供考古调查。在调查区域的东南部，还发现了正殿遗迹与东西成对的侧屋遗迹，后殿东边也找到了侧殿的遗迹。据推测，这是 9 世纪中叶的遗绪。

正殿是四面有屋檐的"入母屋造"[1]，柱间[2] 数南北有四间（约 14 米），东西有七间（约 22 米）。一般称为"北对屋"的后殿是"切妻造"[3]，柱间

1　入母屋造：上半部有两片呈山形的倾斜屋顶，下半部则有四片倾斜屋顶的歇山建筑型式。
2　柱间：两根柱子之间的距离，不同的建筑根据柱子密度的不同而有所差异。——编者注
3　切妻造：两坡悬山顶式建筑。

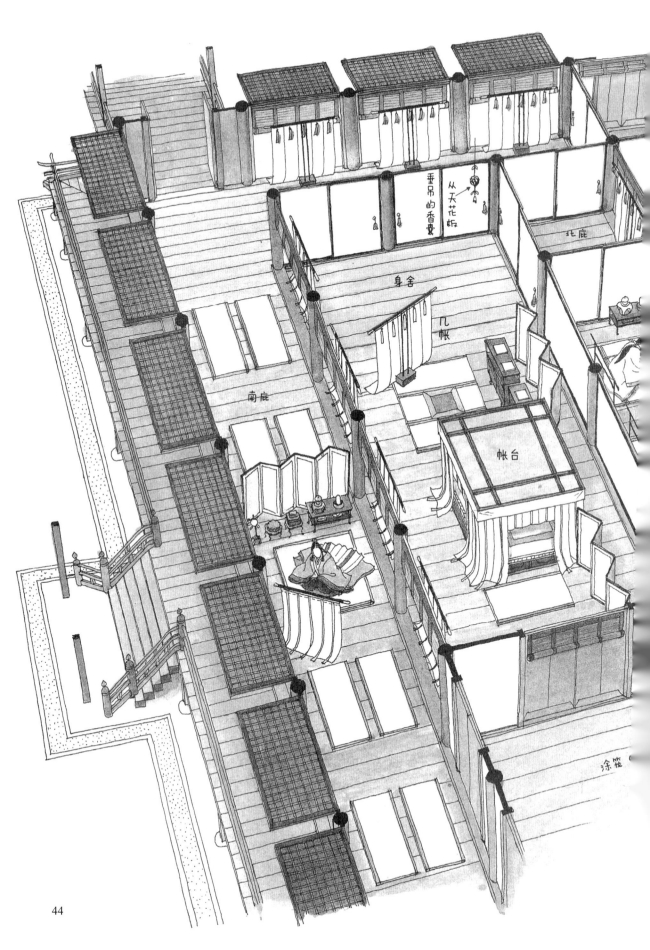

垂吊的香囊

从天花板

托庇

身舍

几帐

南庇

帐台

涂笼

44

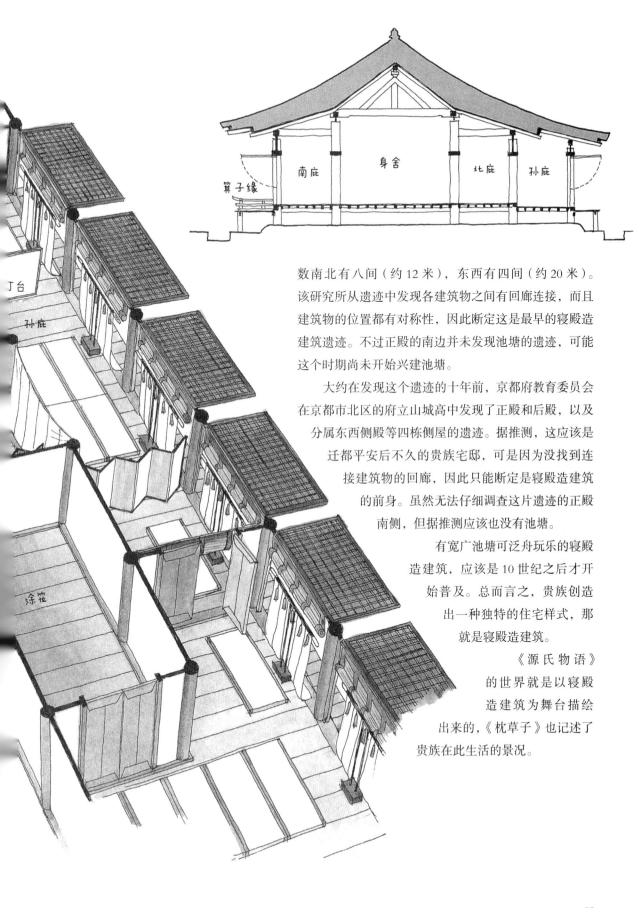

箕子缘　　南庇　　　身舍　　　　　北庇　孙庇

丁台

孙庇

涂笼

数南北有八间（约 12 米），东西有四间（约 20 米）。该研究所从遗迹中发现各建筑物之间有回廊连接，而且建筑物的位置都有对称性，因此断定这是最早的寝殿造建筑遗迹。不过正殿的南边并未发现池塘的遗迹，可能这个时期尚未开始兴建池塘。

　　大约在发现这个遗迹的十年前，京都府教育委员会在京都市北区的府立山城高中发现了正殿和后殿，以及分属东西侧殿等四栋侧屋的遗迹。据推测，这应该是迁都平安后不久的贵族宅邸，可是因为没找到连接建筑物的回廊，因此只能断定是寝殿造建筑的前身。虽然无法仔细调查这片遗迹的正殿南侧，但据推测应该也没有池塘。

　　有宽广池塘可泛舟玩乐的寝殿造建筑，应该是 10 世纪之后才开始普及。总而言之，贵族创造出一种独特的住宅样式，那就是寝殿造建筑。

　　《源氏物语》的世界就是以寝殿造建筑为舞台描绘出来的，《枕草子》也记述了贵族在此生活的景况。

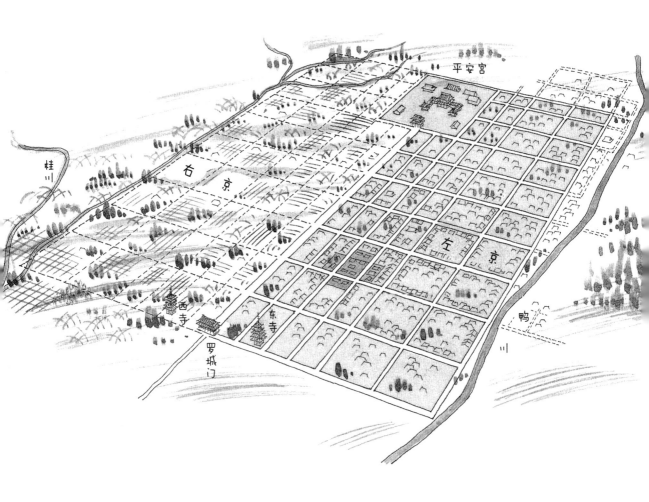

平安京容貌的改变

　　汉学家庆滋保胤在《池亭记》中这样描述10世纪下半叶的平安京："以平安京的中心街道朱雀大路为界，西边的右京逐渐荒废，少有人家，只见旧屋崩坏，不见新屋兴建。只见迁出者，不见迁入者，聚居于此的都是一些无处可去的人。而东边的左京，尤其是沿着四条大路往北，住家密集。这里的居民身份高低各异，富人穷人皆有。贵族宅邸的门堂栉比鳞次，百姓人家也是屋屋相连。因此一旦发生火灾就会四处延烧，盗贼闯入南边的住家也会祸及北边的人家。"

　　从文中的叙述可知，平安京有人口过密与过疏的区域。右京似乎是不适合居住的湿地，依条坊制规划兴建的道路有些已无法发挥功能，或成为空地，或恢复为田地。相较之下，可清楚地看出，左京已有朝京畿之外的鸭川河畔和北边郊区扩展的现象。被称为"京户"的庶民阶层原本获得了平均分配的住宅用地与口分田，此时也开始出现贫富差距。到了《池亭记》的时代，以中国都城为范本所规划建设的都市已产生巨大的改变。

　　庆滋保胤一直到撰写《池亭记》前，都赁居于土御门附近。到了五十岁，才于今天的下京区上柳町附近的左京六坊门南、町尻的东角买了一块荒地，建屋居住。他在占地十余亩（约2 000

平方米）的土地四周筑墙，设置门户，筑小山，造池塘，池塘西边建小堂供奉阿弥陀佛，池东建书库。北边的矮屋名为"池亭"，供妻儿居住。庆滋保胤白日在朝为官，回家就到西边佛堂诵经，用餐后则到东边书库阅览古圣先贤的著作，过着文人的生活。此外，他虔诚信仰净土宗，与源信[1]等人共创劝学会，促成《日本往生极乐记》的问世。《池亭记》是他以此地生活为中心，描绘京城居住条件及社会风貌变化的著作。

在距离庆滋保胤的时代约一百年后，大江匡房买下了池亭北边的千种殿。大江匡房两度任大宰权帅，累积了不少财富，并以博学闻名，被尊为"天下明镜"。他兴建了一座"校仓造"[2]的"江家文库"，收藏万卷书籍。尽管身边的人劝他京城可能发生火灾，他仍大发豪语："只要日本国不亡，书卷就会存在。"不过就在大江匡房过世后数十年，这些藏书在1153年（仁平三年）的一场火灾中付之一炬。大江匡房在著作《续本朝往生传》中，也透露了对庆滋保胤的极度仰慕。

1 源信：平安中期的天台宗法师。
2 校仓造：底部架高，以圆木或角材堆栈井字形为墙，可调节室内湿度的仓库建筑工法。

池亭

阿弥陀堂　寝殿　东对屋　中门　书库　中岛　东门　菜园　芹田

百姓的住所

　　相较于皇室和贵族的宅邸，百姓的住所就简陋得多了。对京城遗迹的挖掘调查工作，曾在多处发现百姓住宅的梁柱出土遗迹，可以推断当时百姓住的是直接将柱子插入土中搭盖而成的"掘立柱小屋"。

　　平安初期的百姓住宅规模，基本属于"一户主"，大小约一百四十坪（约469平方米）的房子。如此面积的屋子供一家人居住，同时还有菜园，照理说应相当宽敞。然而，到了人口集中的左京，尤其是北部一带，土地就全被细分，到处都是一栋分割成好几户的长屋（大杂院）了。

　　依照《年中行事绘卷》[1]等描绘平安后期景况的画卷可以推定，当时一间长屋的规模，面对大街的横宽为三柱间，深度则为四柱间。屋顶是以木板或草构成的山形式屋顶，屋顶表面一并铺设木材或石头，墙壁则采用木板墙或竹片等编织的网壁。土

---

1 《年中行事绘卷》：常盘光长据当时宫廷的全年仪典及民间风俗绘制成的画卷。

间[1]的一部分会铺地板。《池
亭记》所记载的"小屋隔墙
连檐"讲的应该就是这种房子。

　　而在防范火灾蔓延的对策方面，贵族宅邸会
先捣毁长廊以阻止火势延烧，再派身份较低的青
衣侍从上屋顶灭火；或派遣家臣去捣毁附近百姓
的房屋以策安全。当时的房屋可说是对火灾毫无
防备，为了避免延烧，平民百姓的小屋随时得面
临被破坏的命运。

1　土间：指房舍内未经处理的地面部分。当代日本的传统民家或仓库的室内空间里，也会将生活起居的空间分成高于地面并铺设木板等板
　材的地板区"床"，以及与地面同高的"土间"两个部分。——编者注

里内里

从 JR 京都站沿着乌丸通向北，丸太町通到今出川通这一路段的右侧，也就是东侧，由一片绵延的森林。这就是京都三大祭典中的"葵祭"与"时代祭"的出发点——京都御苑。御苑以京都御所及其东南方的仙洞御所（上皇居所）为中心，形成了一片树木茂盛的公园。在 1869 年（明治二年）天皇移居东京之前，"御所"名副其实是天皇与上皇的住所，其周边则是朝臣的住家。由于这些朝臣也随着天皇一起迁居到东京，所以将该遗址改成了公园。

---

1 里内里：京畿除了大内以外的宫阙，多为外戚的居所。
2 内里：天皇居住的宫院，又称御所、皇居、禁、禁中、大内。

京都御所位于左京北边四坊二町处。在南北朝时代，这里被称作"里内里"[1]，北朝的光严天皇原居于此，即位后也以此处为皇居，因此这里才得以成为后来的京都御所。

里内里又称"里皇居"，就是当"内里"[2]发生火灾或崩塌时，在宫城外的私宅所设置的临时

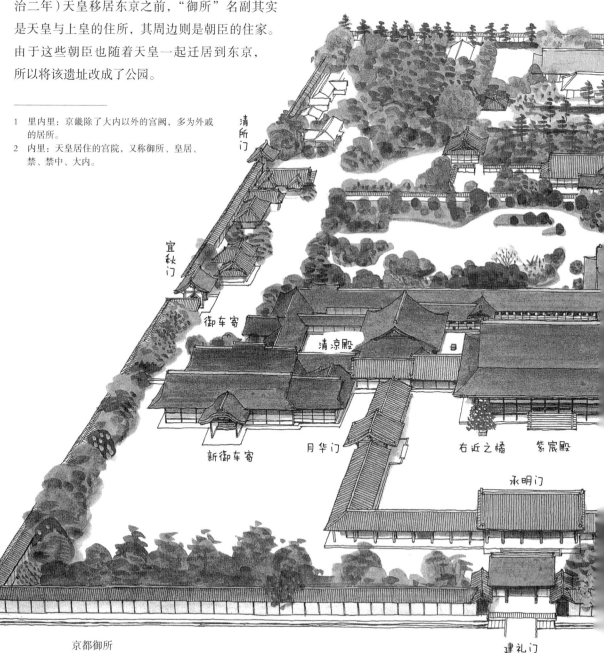

清所门
宜秋门
御车寄
清凉殿
新御车寄
月华门
右近之橘　紫宸殿
承明门
京都御所
建礼门

皇宫。"里"指的是宫城以外的京畿，由于里内里多半是摄关家[1]，更常是皇后的娘家府邸，因此而得名。

平安京的内里是在开始建都时在大内里（宫城）中央的朝堂院东北兴建的，但从修建之初到1219年（承久元年）之间，内里发生过多达十五次的火灾。最后一次是1227年（安贞元年）重建宫殿时发生的，此后再未能在宫城内兴建内里。

后来皇居辗转迁移，到1392年（明德四年）南北朝时代结束后，天皇御所才在目前的位置安定下来。

其实平安时代到了中期，天皇就曾数度将居所迁移到左京的母系摄关家府邸。当内里遭到祝融之灾，天皇就会暂时迁到里内里居住。但是在内里重建以后，天皇依然喜欢住在里内里。名为"一条院"的里内里位于左京一条大路南边，是当时一条天皇母亲藤原诠子的住所。这个地方十分热闹，住在这里当然比日渐冷清的大内里来得舒适，这应该是博得天皇喜爱的原因。不过正式的喜庆典礼，还是会在大内里举行。从平安时代末期的鸟羽天皇以后，里内里就正式成为天皇平时的居所了。

1 摄关家：摄政、关白等辅佐天皇的公卿家。

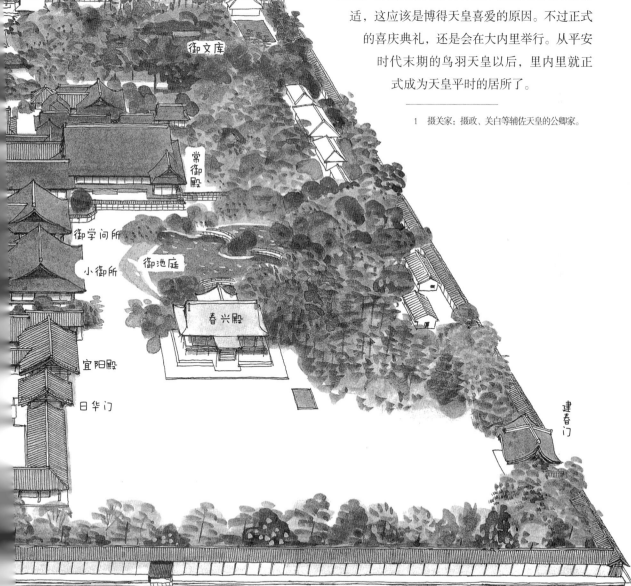

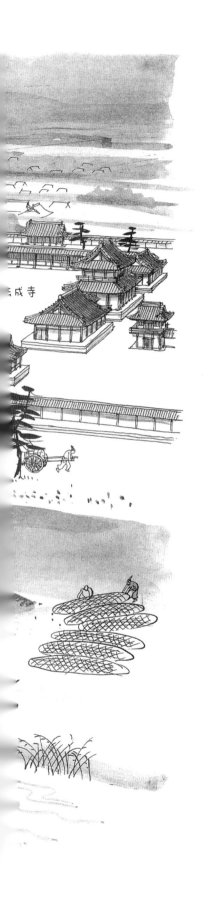

京域的扩大——法成寺的兴建与治水工程

刚迁都时的鸭川，只是一条流经平安京郊外的河川。古有一说称鸭川的河道曾因建都而改变流向，但因为并未见到太多人工堤岸的痕迹，大多仍是自然堤防的河岸，所以推测当时的防洪对策可能并不多。不过最晚也是在迁都约三十年后的 824 年（天长元年），就设了原本律令制度中没有的"防鸭河使"，全权处理鸭川的治水工作。据《池亭记》记载，平安京时期的住家多集中在东北部，后来超出京域范围，市区扩大到东京极大路以东的地区。为因应此变，防鸭河使的治水工程范围扩大至市区以东，也加速了京域向东扩展的脚步。

10 世纪末，太政大臣藤原兼家在二条大路向东的延长线二条京极兴建法兴寺，这里比东京极大路还要向东一町以上。其子藤原道长于 11 世纪初在法兴寺的更北边修建了占地广袤的法成寺，位置大约在今日京都府立鸭沂高中到府立医科大学附近一带。而后道长出家，创建供奉了九尊阿弥陀佛、势至菩萨及观音菩萨的阿弥陀堂，命名为"无量寿院"。其妻源伦子等权贵一族更倾注财力，号令诸侯，使寺院一间接着一间创建。1022 年（治安二年），后一条天皇带领东宫（皇太子）、皇太后、皇后、中宫等人列席参加了金堂与五大堂的落庆法要（佛殿的落成典礼），这是一场很盛大的仪式。

以华丽伽蓝著称的法成寺让京城住民强烈感受到平安京向东扩展的事实，通往法成寺南边的道路被命名为"东朱雀大路"。然而，鸭川泛滥的河水并未被法成寺完全制服。法成寺的"法"字由"水"与"去"组成，有"去水"之意，这种造字法反映了中国古代"治水为法之本"的思想。

尔后的年代中，人们依然为鸭川所苦。11 世纪末，白河上皇甚至将鸭川之水与横行的比叡山僧兵和双陆棋的骰子并列为"天下三不如意"。861 年（日本贞观三年），防鸭河使一度被废除，后改为山城国或检非违使的附属机关。当堤防溃决时，畿内诸国会指派临时的"鸭河役"负责，这个制度一直沿用到镰仓时代。

平安京的别墅区

相较于带给人们连绵不断痛苦的严酷大陆型自然环境，京都一带的自然环境显得平稳舒适得多。皇亲贵族在近郊的大自然中寻求安静与休憩之处，同时将之作为宴会游乐的场所。

平安时代初期朝廷曾为了平定虾夷而出兵，尔后也爆发了平将门之乱与藤原纯友之乱。但这些战乱都未波及平安京，使之维持了三百余年的太平。大部分的上级官吏除了专注于内部权力斗争与升官发达之外，对于国政皆可说是漠不关心，朝夕沉迷于诗歌雅乐之中。因当时盛行游山玩水，王公贵族便竞相在京城近郊修建别墅，连上皇与天皇也经常离京前往别墅游憩。

最著名的别墅区有两处，一处位于平安京西北方，即以今京都市右京区嵯峨为中心的大堰川河畔；另一处位于东南方，即从山科区醍醐至宇治市一带的宇治川周边地区。

平安时代初期，嵯峨天皇于弘仁初年（810）在嵯峨修筑离宫，从此嵯峨便作为别墅区繁荣起来。该离宫遗址现为大觉寺，嵯峨天皇晚年退位后便居此。他以诗文和书法见长，周遭云集文人墨客。据传在嵯峨天皇驾崩前，这里经常举行诗歌聚会。

由嵯峨天皇敕命编撰的汉诗集《文华秀丽集》，多收录天皇退居离宫时文人墨客的作品。现在每年五月在车折神社举行"三船祭"时，还会将三十只龙头鹢首船放于大堰川，再现平安时代嵯峨的王公贵族吟诗作乐的景象。因嵯峨天皇之故，檀林皇后的檀林寺，以及继承源家姓氏的皇子源融的别墅栖霞观，皆设于此。

宇治因地处由琵琶湖流出的宇治川下游，邻近木津川，而成为水路交通的枢纽。据传古代应神天皇的离宫也设于此处。平安初期，除了源融在宇治建造别墅外，阳成天皇、宇多天皇也选择此地修筑离宫。其中最负盛名的是今日的宇治平等院，这是藤原赖通将继承自父亲藤原道长的别墅宇治殿加以改建而成的寺院。

极乐净土的梦想

　　或许是以"平安"命名的愿望真的变成了现实，平安京维持了很长一段太平时期。然而，即便是歌咏现世荣华的贵族，依旧会对死后的来世怀有强烈的不安。接二连三的天灾、纵火、强盗等事件，导致人心惶惶，无常与厌世的思想逐渐蔓延。"释迦牟尼佛涅槃一千五百年后佛法衰微，乱世到来"的末法思想开始进驻人心，祈求远离尘俗往生阿弥陀佛极乐净土的净土信仰也逐渐流传开来。

　　贵族开始出家修行，试图在现实生活的空间中创造净土世界。藤原道长的无量寿院，就是基于对净土世界的憧憬所建造的。其子关白太政大臣藤原赖通所建的平等院，也因体现平安时代贵族心中的净土世界而闻名于世。

　　被称为末法第一年的1052年（永承七年），藤原赖通把继承自父亲藤原道长的宇治殿改建为佛寺，翌年更建造了阿弥陀堂。这个别名"凤凰堂"的佛堂，其华丽被说成"不信极乐者，到宇治佛寺参拜即可"。中堂供奉平安时代最具代表性的佛像师定朝所做的阿弥陀如来像，左右两边有翼廊，背后有尾廊，外形优美。从前院池塘的对面眺望，仿佛看到净土曼陀罗中宝楼阁的胜妙景观。此地会受到藤原赖通等贵族青睐成为别墅胜地，或许也因为大家视这里为极乐净土在人世的体现吧。

　　根据《荣花物语》的描述，1027年（万寿四年）八月，藤原道长临终卧于无量寿院的阿弥陀堂，枕北枕、面朝西、手持佛手接引西方的丝线而往生。

平等院阿弥陀堂

57

地图标注：
山阴道
山阳道
北陆道
白河关
京都
爱发关
不破关
逢坂关
铃鹿关
南海道
东山道
东海道
横走关

连接都城与地方的道路

平安京是最后一个按照中国古代都城规划建造的都城。不过，从平安京并没有城墙这点来看，日本古代都市并非完全承袭中国的都城制度。平安京南边的罗城门两侧虽有筑地塀，却不像中国的都城以城墙明确区隔内外。

即便如此，日本的都城也同样以道路来连接

广大领土的各个区域，并且制定了驿制[1]，这点与其他古代国家并无二致。东海道、东山道、北陆道、山阴道、山阳道、南海道等主要干道，皆以平安京为起点。

此外，又以都城为中心，定大和、山城、河内、摄津等地为畿内，在通往京城的官道上还设有美浓的不破关、伊势的铃鹿关、敦贺的爱发关三个关口。桓武天皇于长冈京时期的790年（延历九年）废除此三关，据说是因为关卡阻碍了往来的交通。延历十四年，连可通往东海道、东山道及北陆道等三条要道的逢坂关（近江关）也遭

废除。但是当天皇驾崩时，朝廷仍依照惯例派遣使者前往三关加强防御，可见当时还保留着关口的形式。总之，在当时的日本，交通的顺畅优先于防御外敌入侵京城。

迁都平安京不久后的延历十四年，为使驿道更臻完备，朝廷下令调查近江与若狭两国的驿道。次年，于南海道开辟新道，并下令制作标记各乡郡及驿道的地图。桓武天皇驾崩的806年（大同元年），设立了六道观察使。这些观察使必须从京城经官道到地方去监察各地的行政。

事实上，政府从以前便绞尽脑汁设法拟出对策，让中央首都与地方之间的百姓往来及物资运输更顺畅。举例来说，761年（天平宝字五年）朝廷就曾经下令，为食物短缺的旅人在主要驿道两侧种植果树。以京城为中心建设完备的道路与驿制，是波斯、罗马、印度和中国等古代帝国连接首都与地方的共同政策。

人与物自由流动、交易范围扩大，可促使政治与经济的活络，这点古今相同。任意设置关卡榨取关钱[2]，是中央权力衰弱后才有的事。尽管曾派遣大军平定虾夷，还两度建设京城，平安京仍在桓武天皇的时代趋于稳定并开始蓬勃发展，这都是拜连接全国各地的道路日趋完备所赐。这些道路使物资的运输更容易，居民也可更轻松自由地往来、旅行。许多平安时代诞生的旅游纪行文学作品，与这种背景环境景可说是不无相关。

---

1 驿制：律令制度下专供公出旅行及紧急通讯的道路，分为五畿七道。
2 关钱：对通关的人马、货物课税，类似今日的关税。

京畿白河的出现

平安京左京的繁荣，使京城范围跨越了鸭川河面，不断向对岸扩展。鸭川以东率先繁荣起来的，是现在的左京区冈崎附近的白川（白河）河畔。发源于比叡山南麓、流向京都盆地东边的白川，穿过吉田山与大文字山之间，最后在四条附近与鸭川汇流。古时传说鸭川以东的冈崎一带，是"天狗[1]的居所"。但随着时代变迁，王公贵族爱上了白川流经翠绿山间的清澈水流，纷纷在此兴建宅邸或寺院。该地正处于平安京东西向主干道二条大路的延长线上，是这块土地会被开发的另一个重要因素。当时这里被称为"二条末"，现在仍沿用"二条通"的名字。这可说是没有城墙的日本都市的一大特色。亚洲大陆的都城有高耸的城墙，将城内城外明显地区隔开来，还设

有城门，城内街道不可能直通城外。

9世纪中叶，摄政大臣藤原良房在此兴建了名为白河第、白河殿、白河别业三栋别墅，引起了贵族的关注。这些府邸后来传给了藤原基经、藤原忠平，再传给藤原道长、藤原赖长、藤原师实，由摄关家代代相传。而花山天皇、后一条天皇和后冷泉天皇也会驾临此地赏花。在藤原道长的时代，以《和汉朗咏集》编撰者闻名的藤原公任也在附近修建山庄，所以当时称藤原道长的别墅为"大白河"，称藤原公任的山庄为"小白河"，以示区别。

---

1 天狗：传说中的日本山妖。

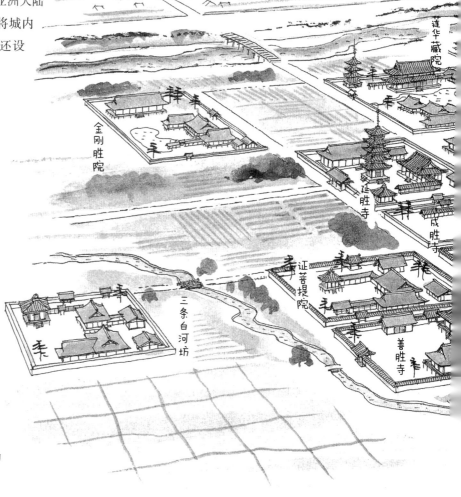

参照福山敏男、杉山信三的
复原图绘制的京畿白河

11 世纪下半叶开始，白河迎来了最兴盛的时期，也就是藤原师实将这座府邸献给白河天皇，天皇发愿在此兴建法胜寺之后。这座寺院于 1075 年（承保二年）动工，花了近两年的时间，建造了金堂、讲堂、阿弥陀堂、五大堂及法华堂等殿堂。1083 年（永保三年），八角九重大塔竣工。这座高达 80 米的塔，就耸立在金堂前方的池中岛。

以法胜寺的兴建为开端，堀河天皇的尊胜寺、鸟羽天皇的最胜寺、崇德天皇的成胜寺、近卫天皇的延胜寺、鸟羽天皇的皇后待贤门院的圆胜寺等寺庙，相继在白河出现。这六座寺院皆由皇族发愿建造，统称为"六胜寺"。当时以建寺造佛积功德的风俗习惯，在王公贵族之间广为流传。

白河天皇让位成为上皇之后，在这里建了名为"白河泉殿"的院御所[1]，于 1086 年（应德三年）开始施行院政[2]。白河通往东国[3]的道路与从栗田口往山科的道路相连接，交通地位重要。因实施院政而成为政治中心的白河，不论在军事或政治上都占有重要的地位。因此，名为"京畿白河"的新区域于焉诞生。而法胜寺的八角九重大塔，亦以新地标之姿耸立在新开发的白河区域。

可惜的是，这座塔因为高度的关系惨遭雷击烧毁，现在的冈崎京都市立动物园尚留有其遗迹。

---

1 院御所：上皇或出家的法皇居住的宫殿。
2 院政：上皇代替天皇行使政务，由于上皇居所称为"院"，故称"院政"。
3 东国：古代日本将铃鹿关和不破关以东的地区统称为东国，与之相对的西部地区则称为西国。——编者注

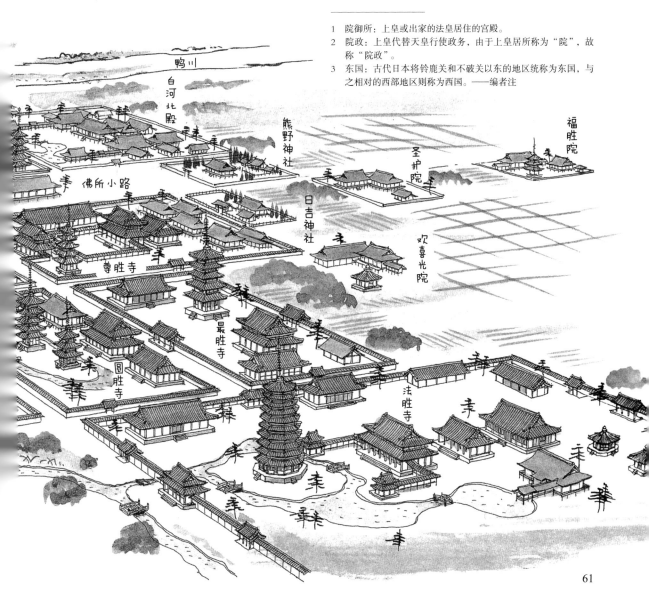

繁荣的鸟羽水阁

从京都向南延伸的国道一号线通称"京阪国道"，与紧临鸭川的名神高速公路呈立体交叉状。今日酒店、工厂、商店、民家混杂林立的高速公路南侧一带，正好是从平安时代末期到镰仓时代初期鸟羽离宫的区域。占地百余町，大约100公顷左右，面积辽阔。因池塘边占地南北八町、东西六町的御所和御堂展现着其堂堂威仪，所以这一带也有"鸟羽水阁"或是"城南水阁"之称。

经过一千年的时光，往昔的地貌已完全改变，我们只能从几处遗迹一窥昔日的盛况。例如国道西边鸟羽离宫迹公园一角的"秋之山"、东侧城南宫的森林，再往东的安乐寿院及近卫天皇陵的多宝塔等遗迹。随着名神高速公路京都南交流道的建设，以及土地区划、整地事业的进行，自1960年（昭和三十五年）起，以建筑史学家杉山信三牵头断断续续进行的挖掘考察工作，也揭

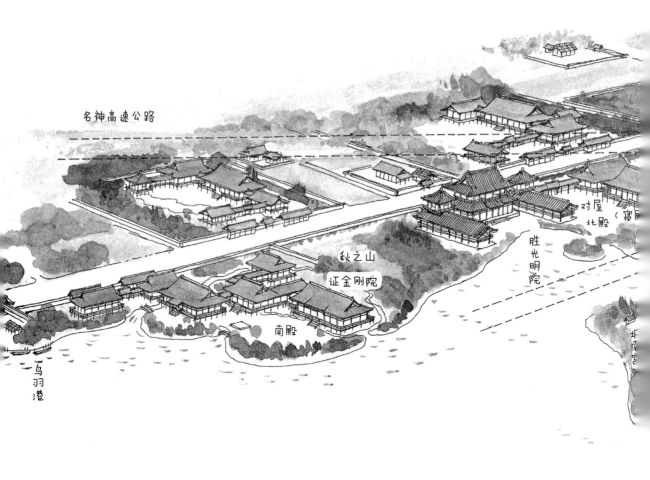

名神高速公路

秋之山

证金刚院

南殿

鸟羽港

对屋 北殿（寝

胜光明院

参照杉山信三的复原图所绘（虚线为现在的道路）

62

开当时鸟羽离宫的神秘风貌，推测出了12世纪末最繁华的离宫模样。

杉山信三先生根据挖掘考察结果绘制了鸟羽离宫复原图：秋之山南面有南殿，有名为"证金刚院"的御堂与寝殿。南殿北方，今日交流道西侧附近，则是建有寝殿、对屋以及胜光明院的北殿。池塘中央的中岛上有城南宫和马场殿，北侧架桥，连接着田中殿一角的金刚心院，院中有释迦堂和九体阿弥陀堂，亦设有寝殿，所以其东北方的田中殿便没有佛堂只有寝殿。金刚心院东侧，现在白河天皇陵和鸟羽天皇陵的附近，有当初名为"泉殿"的东殿。鸟羽法皇将和白河法皇有因缘的三殿西对屋改建为成菩提院，之后又建了三体阿弥陀堂和九体阿弥陀堂，命名为"安乐寿院"。这里同样设有寝殿，而两座陵寝又各自建有三重塔。现今耸立着多宝塔的近卫天皇陵，即

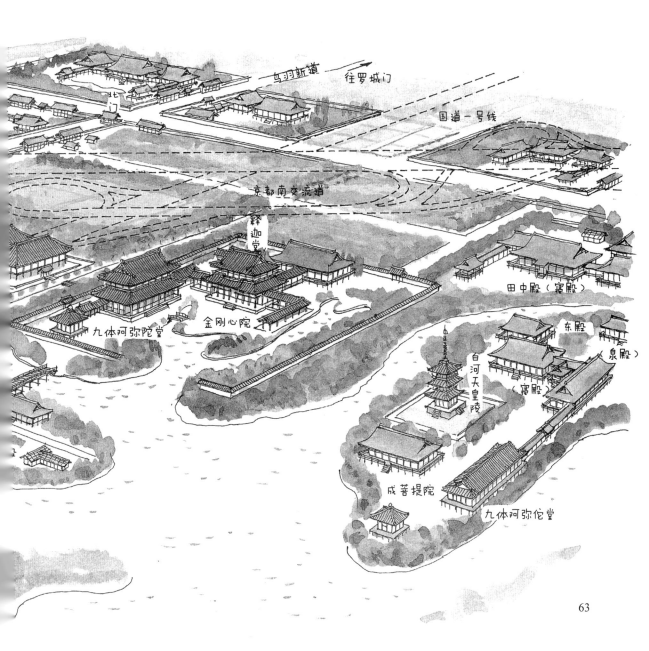

63

位于东殿最东端的尽头一带。这座离宫的南面有宽广的池塘，曾为鸭川的一部分。现在东高濑川一带即为当时鸭川的遗迹。

据《扶桑略记》所记载，在鸟羽修筑离宫始于白河天皇应德三年（1086）七月左右，位置大概从朱雀大路往南延伸到鸟羽新道末端一带。这里原名"草津"，是专供送往京城物资卸货的外港。之后，王公贵族竞相在鸟羽兴建别墅，藤原季纲更将其中一间别墅献给天皇，天皇将之改建为退位后的住所鸟羽殿。

白河天皇自己在此建造御所的同时，也赐地给亲信兴建家宅，同年十一月，人们开始逐一迁居。先建成的鸟羽殿被命名为"南殿"。因为1088年（宽治二年），在鸟羽殿北侧另外兴建离宫，命名为"北殿"，所以比北殿早落成的地方理当称之为南殿。南殿、北殿、泉殿中首先兴建了包含御所功能的寝殿，而在寝殿并设御堂则是不久之后的事。南殿于1101年（康和三年）设立证金刚院阿弥陀堂；北殿于1136年（保延二年）设置胜光明院，次年更在东殿加设名为"安乐寿院"的御堂。这些宫殿之中，只有田中殿的金刚心院释迦堂及阿弥陀堂在1152年（仁平二年）同步着手兴建，而且不到两年的时间即全部完工。

鸟羽离宫虽然历经战乱，但离宫的功能仍旧维持到了镰仓时代。最热爱此地的是后鸟羽上皇，不但经常行幸至此，也经常翻修或是建设新殿。但1221年（承久三年）爆发了"承久之乱"，后鸟羽上皇被流放到隐岐岛，离宫因此急速荒废。据说到了14世纪上半叶，鸟羽离宫就再也没有被使用过。

这座离宫在古代到中世的变革时期繁荣了将近一百年，前半期为院政时代，朝廷握有政治实权，后半期则是平家与源氏的武家政治时代。鸭川流经九条后转向西，与桂川合流一带的土地原本就较为低陷而湿润，就开发而言水源充足无虞。这一带称为鸟羽水阁，将御堂兴建在水岸边，反映了净土信仰的世界。也有一说指出，北殿胜光明院等是仿造宇治平等院而建，金刚心院释迦堂则将净土曼陀罗的世界充分体现于人世间。

但可以肯定的是，白河天皇退位成为上皇之后，并不单单只想将鸟羽建造为退隐居所。如果平安京是天皇之都，鸟羽便可被视为上皇之都。曾经有过这样的记载："鸟羽离宫的兴建牵动众人，上自侍奉上皇的官员仆役，下至庶民，上皇皆赐地建屋，与实质迁都并无二致。"

院政时代的鸟羽不仅作为院厅以治理朝政，同时也是物流与情报收发的中心，这些对政治统治者而言都是格外重要的功能。占水陆交通地利之便，无论是物资运输或是通讯收发，鸟羽不啻为绝佳的场所。

然而随着承久之乱结束，朝廷也完全落入武家政治的掌控，鸟羽离宫仅被视为众多离宫之一，终告荒废。

条坊的变化

京都井然有序的棋盘式街道，是以中国条坊制为蓝本规划而建的平安京的遗产。现在京都的道路虽然不是平安京时代保留下的原路，却承袭了当时棋盘式道路规划的基础。

条坊制兴起于中国，中国的"坊"四周为坚固的围墙，四面设有坊门，内有十字巷，中间则设有名为"曲"的小路，并以击街鼓作为启闭城门和坊门的信号。

平安京也有名为"四条坊门小路"的道路，一般认为，只有面向朱雀大路的区域设有坊门。而平安京在建都完成初期，与中国一样，以道路区划"坊""町"的地域单位，例如"左京五条三坊五町"即为以条坊制为基础标注的地址。

这种地址标注法到了平安时代后期有所变化。《中右记》（宽治元年，1087）记载："大炊御门北、一条南、西洞院东、室町西一带烧毁。"这段记载表明当时除了以道路当基准，也开始使用类似今日"上行""下行""东入""西入"的标注法。这不仅仅代表标注方法的变化，

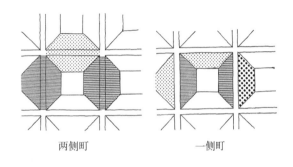

两侧町　　　　　一侧町

更深层的意义在于，人们对于自己生活场所的掌握开始产生意识上的改变。

人们开始意识到道路的两侧可形成一个区域，这超越了过去只以"坊""町"作为生活单位的思维，产生了跨越道路而缔结的生活组织。

六波罗平氏政厅

慈圆的著作《愚管抄》[1]，针对保元之乱（1156）、平治之乱（1159）有过这样一段评论："日本国之乱逆终，之后，武家起。"意指充满血腥的叛乱暴乱终结后，武家势力自此抬头。也因这两起历史事件，使得首都的实质权力中心移转至六波罗[2]，也就是鸭川以东五条到七条的地方。这是因为掌握政权的平家府邸就在六波罗。虽然只有短短的二十年，但以此为中心的六波罗政权

时代却被称为"非平氏者非人"（平家以外的人就不是人）。

六波罗也写作"六原"，其名称起源众说纷纭。一说六波罗的地理位置靠近东山山麓，从山麓的平地开始即进入六原区域，正好是鸟边野坟地的入口，据传也是即将堕入六道的亡灵徘徊的地方。963年（应和三年），空也首先在此辟地兴建西光寺（现六波罗蜜寺）。

---

1 《愚管抄》：镰仓初期日本最早的史论书，记载神武天皇至顺德天皇间的历史，以佛教观点诠释日本政治的变迁。
2 六波罗：平安时代指鸭川东岸五条大路到七条大路间的区域，今日的六波罗指的是东山区六原学区。"波罗"与"原"同音，历史中两种写法都有出现。

促使平家在朝廷当权的武将平正盛，1110 年（天永元年）为祈求死后得以往生净土极乐世界，在此兴建阿弥陀堂。其子平忠盛则将宅邸建在离阿弥陀堂极近的地方。据传到了平清盛时代，更是大举兴建豪宅，名为泉殿。平家一门以此为中心，纷纷修建宅邸，如平清盛的弟弟平赖盛的池殿和长子平重盛的小松殿等。据《平家物语》记载，平氏的宅邸大大小小加起来有五千二百余间。

今日，六波罗已找不到任何遗迹可一窥平氏政厅的风采，但仍旧能从六波罗蜜寺一带的地名窥探逝去的平氏时代。池殿町被推测为池大纳言平赖盛的池殿的遗迹。让我们试着根据《平家物

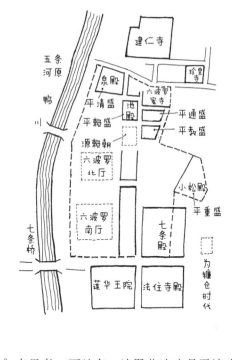

语》来思考一下地名。池殿北边应是平清盛的泉殿，北御门町与南御门殿即为泉殿北门与南门的遗迹。南边的门胁町被推测为平清盛最疼爱的弟弟门胁中纳言平教盛宅邸的遗迹。西边的多门町，据传是通往平氏政厅的正门。门町北边的三盛町，则是平赖盛之子平光盛宅邸的遗迹。而平清盛的女儿德子，即高仓天皇的中宫，在身怀安德天皇时，为祈求平安生产而在六波罗蜜寺供奉地藏王菩萨，因此可断言六波罗蜜寺也是平氏的持佛堂。

西边的弓矢町，据传为师承官衙町造兵司的工人为了向山门僧兵提供兵器而建成的兵工厂。对身为武家政权的平氏政厅而言，也承担着重要军事基地的功能。

我们可以凭借六波罗现存的地名来想象昔日平氏政厅时代的风华。反观日本其他地方，具历史性的地名却遭到任意变更。时至今日，正因京都还保留着许多富含历史意义的地名，我们才可借由这些历史性地名遥想过去，享受体验历史的乐趣。

迁都福原——平安京落幕

"治承四年六月三日，传主上欲行幸福原，京中上下哗然。虽不时耳闻迁都福原，未料岂是今明之际，上下皆惶惧失措。"

这是《平家物语》卷五的序言部分，内容描述了迁都福原的消息传开后，平安京朝野惶恐不安的情形。平清盛于1180年（治承四年）六月将安德天皇、高仓上皇和后白河法皇迁到了平家位于福原（今日神户市兵库区附近）的别墅，定都福原京。其实在治承三年十一月，平清盛一度欲让自己的女儿德子（高仓天皇的中宫）与外孙东宫言仁亲王（后来的安德天皇）移居福原未果。第二年

四月，幼帝安德天皇即位，平清盛以外祖的身份摄政，大权在握，方才厉行迁都。

《平家物语》记载，在此之前虽早有迁都福原的传闻，却没料到突然就要进行。福原的都市规划进行到什么程度完全是个未知数。后来因都市再开发进行的挖掘考察也根本找不到任何当时大型建筑物的遗迹，究竟是否规划为都城规模都是个疑问。因此推想当时应该是将平家族人的宅邸直接充当内里或御所，将天皇安置其中吧。

但是，在此时舍弃拥有四百年辉煌历史的平安京，不啻为是一个正确的决定。只可惜福原

京条件不足，一则土地面积狭窄，一则平家势力已开始走下坡，无法大刀阔斧实施都市规划。被《方丈记》[1]描述为"古都业已荒芜，新都百废待举。"迁都尚不满半年的同年十一月，朝廷又浩浩荡荡还都平安京。此时，奠定武家政权镰仓幕府基础的源赖朝，早已纳镰仓为根据地。平家军随后于富士川之战败北，大势已去的平家时代即将宣告落幕，而平安京的兴复似乎再也没人想起过。

迁都福原的同时，也宣告以律令制维系运作的平安时代终结，武家时代业已揭幕。迁都福原的同一年源赖朝举兵。这一年也就成了另一个以武家政权为中心的都市——镰仓的奠基时期，新时代的曙光降临。

1 《方丈记》：镰仓时代初期由鸭长明撰著的随笔。

《明月记》的世界

　　隔着京都御所和今出川通、右接同志社大学的冷泉家，现仍保有旧日的公卿宅邸。数年前从冷泉家仓库发现了关于先祖藤原定家的古书记录。藤原定家[1]是《小仓百人一首》的编撰者，有日记《明月记》传世。藤原定家的一生正值古代过渡到中世的动乱不安期，且周旋于王公贵族之间，这本日记可说是翔实记录了京都风貌的变化。其中有这样的记录："在我还年轻的时候，随处可见寺庙堂塔兴建；现在我年纪大了，未再听闻新建工程，耳中所闻尽是寺庙堂塔遭祝融之灾。"

　　定家的感叹，正是向来以支撑庞大律令制自负的平安时代贵族共同的感叹。战争与祝融实为京城日渐荒废的主因。

　　最具代表性的火灾即为人称"太郎烧亡"与"次郎烧亡"的事件。1177年（安元三年）四月，发生了一起殃及京城三分之一以上区域的大火灾，就连大内里也被烧毁。这场大火发生于五条东京极西南方附近一带，火苗从一处收容病患的小屋子窜出，随着东南风延烧至西北方的大内里。九条兼实的日记《玉叶》就曾记载："大极殿以下，八省院尽毁无一幸免。"

　　庶民将这次大火命名为"太郎烧亡"。次年（治承二年，1178）所发生的火灾由于受灾面积较太郎烧亡小，被命名为"次郎烧亡"。次郎烧亡的受灾区域东起七条通东洞院，西至朱雀大路。

　　自古以来权威在握的朝廷，虽见建筑物焚毁于大火，仍反复投入大内里的重建。镰仓幕府成立之后，虽亦致力于宫殿宅邸的修复及兴建，却不幸在藤原定家晚年的1227年（安贞元年）再度发生火灾，天皇居所内里和太郎烧亡中幸存的大内里建筑物皆遭烧毁。然而这次烧毁的大内里再也没有重建，如藤原定家的日记所写："宫城随时光匆匆日渐衰微灭亡，悲哀也。"大内里就此荒芜，成为人们口中的"内野"[2]。平安宫就此灰飞烟灭。

1　藤原定家：歌圣藤原俊成之子，镰仓时期歌人，人称"京极中纳言"。
2　内野：平安京大内里荒废的遗迹。

京童登场——"天下财货皆聚集于此"

眼见象征古代威权的宫殿、神社及寺院皆遭祝融及战火吞噬而逐一消失，藤原定家心中感到无限悲伤，但他也注意到，京都的风貌开始有了极大的转变。

其中之一就是"市"的变化。以大内里为中心的律令体制于平安时代末期日渐式微，东市和西市的功能丧失，人们甚至已经忘记了它们的存在。取而代之，位于西洞院与室町南北端之间的道路，也就是今日新町通与三条、四条、七条等交会处形成三町、四町、七町等"町座"[1]成为热闹的商业区，町座以线性分布的"町"构成商业中心。

藤原定家对当时的京都有如下的描述："有些外墙为土壁的建筑物被称为'土仓'，

是高利贷业者用来堆放抵押品的仓库，其数量多到不可胜数，商业繁盛，国内的财货多聚集于此。"商业区的一角，"乌丸之西、油小路之东、七坊门之南、八坊门之北"，位置大约是今日 JR 京都站北边一带，曾因火灾被烧毁，然而事件发生的隔日，就马上聚集起大批人马着手进行被毁建筑物的重建工程，速度之快令人咋舌。藤原定家生动描述了火灾之后的景象："商人及财主前来慰问灾情，所带来的慰问品堆积如山，多到必须隔着大路以布幔圈出一块特定区域来摆放，这

---

1 町座：都市中聚集商业店铺的区域。

些人同时在此饮酒作乐。"相对于传统贵族文物丧失、尚嗅不出复兴气息的状况，这样的商业区即便惨遭祝融也能够迅速地在隔天展开重建作业，同伴互相勉励打气的情形也令藤原定家感到十分诧异。

原本担任古代文化舵手的贵族丧失了活力，取而代之的是活跃于新商业区被称为"京童"的人们。藤原定家将这群身处古代末期、中世初期这一动乱时局，且勇敢生存的京童的活跃身姿，描述得栩栩如生。正是京童复兴了古代末期动乱的京都，成为新生的町众¹文化的先驱。

照理说，如果以公地公民制度为原则的律令制能完全发挥功能，京童这类都市居民是不应该出现的。他们既不隶属于任何官署，也非政府认可的平安京居民"京户"的一员，可说是新形态的都市生活者。没落的京户、外来移居者、解放的奴婢等各式各样的人，于各行各业从事着流通、贩卖、制造等工作来营生。

---

1 町众：室町时代在京都等都市组织营运民间自治体的商人。

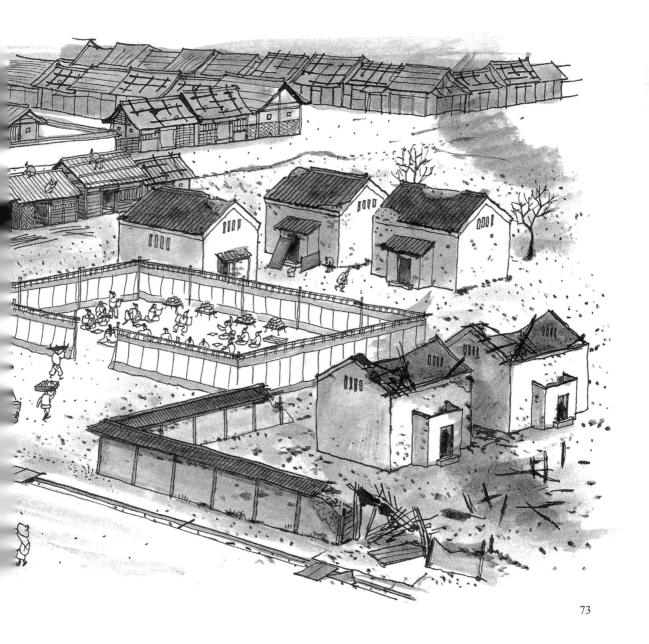

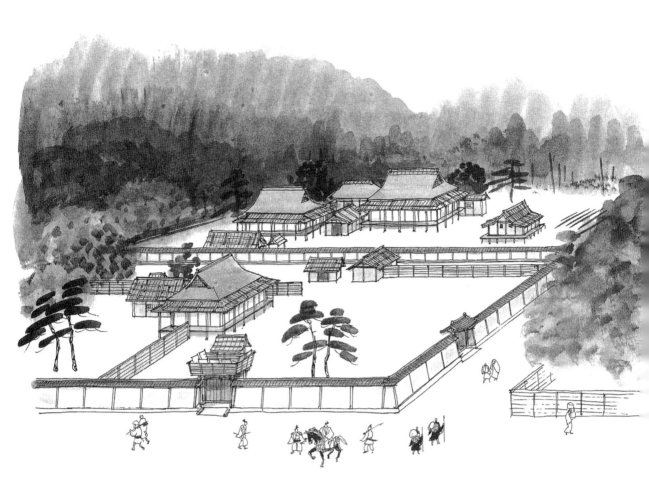

京都与镰仓

　　平定了古代末期的动乱后，源赖朝将武家政权的根据地设于镰仓，此举改变了京都一直以来在日本列岛中的地位：过去四百年间京都都是独一无二的首都，然而另一个以武家为权力中心的都市却在东国出现了。

　　镰仓以都市形态发展始自承久之乱（1221），当时正是朝廷势力遭武家势力完全压制，进而由北条泰时执政的时代。与京都的朱雀大路相仿，镰仓以若宫大路为主要干道，并在周边设置官署。在那之前，镰仓仅被视为战争时期军队驻扎的营地，后来则逐渐发展为肩负政治中心职能的都市。

　　另一方面，镰仓幕府在平安时代末期于原本的平家宅邸京都六波罗设置了"六波罗探题"，就近监视朝廷的势力，并担负与朝廷折冲斡旋的任务。六波罗探题不但是官职名称，也是官署名称，六波罗探题官署西边面朝河床开辟水道引入鸭川之水，其余三面则由种有草地的土墙包围，并设置物见橹（瞭望台）和逆茂木（带刺的树枝做成的木栅）。《太平记》记载："驻守中国北方边境的城楼大概就是这个样子吧。"

　　所谓的"都"原本指帝王，也是统治者的宫殿所在地，亦即权威及权力的集中地。观察作为古代日本建都范本的中国长安及后来的北京，会发现它不论宫城还是城市整体皆为城墙包围，不愧是权威和权力交迭之处，可说是壮大宏伟极尽奢华之能事。若将今日的京都御所与北京故宫，桂离宫、修学院离宫与北京郊外的颐和园相比较，便能明显感受到日本与中国建筑的差异。平安京原本是基于中国都城的规划理念建成的，但像前面讲到的，并没有建成墙，后来的里内里更是将宫殿移到了宫城之外，城市面貌逐渐产生了变化。而且，镰仓幕府的出现使京都丧失了统治实权，京都与镰仓各自象征着宫廷的政治权威与幕府的统治权力，二者分离正是镰仓时代的特色。若以中国或欧洲的王国来比喻，就好比是同一个国家同时存在两个国王及两个首都一样，这不是非常奇妙吗？

在日本，同时拥有政治权威与统治权力的，只有飞鸟时代末期的天武天皇及平安时代初期的桓武天皇等为数不多的统治者。实际上，平安时代中的大半时间都由摄关家掌握实权，只是因为

摄关是最亲近天皇的有权人士，使得权威与权力两相分离的情形较不明显而已。

象征天皇权威的京都与象征将军权力的镰仓两都分立的形态确定后，两城之间开始修筑道路，并频繁互派使节往来。镰仓幕府一方面为了向朝廷展现威信，另一方面为了增强镰仓区域的警备，让东国武士在守备时皆面向京都。为了寻求幕府的裁决，由西国前往镰仓兴讼的人们也开始往返两地。商人更是频繁往返京都与镰仓之间。阿佛尼[1]得以写成纪行文学《十六夜日记》，也是拜两都道路修筑所赐，因为修筑道路使女性也可以完成个人长途旅行。东与西的广泛交流，对双方的生活及文化产生了莫大的影响。

---

1 阿佛尼：镰仓时代中期的女歌人。

僧兵

镰仓佛教——发愿救济庶民

"山门[1]日渐衰落,除十二禅众[2]之外,便少有长居于此的僧侣。且各山谷僧院的经讲业已磨灭,各殿行法也多所荒废,修学之窗既闭,坐禅之床亦空。"

这是《平家物语》第二卷描述的平安时代末期延历寺的景象。延历寺乃平安京的一项建设,是"王城镇护"(保卫都城)的道场,即所谓的"学问寺",就像今日的综合大学是研习学问的场所一样,只是延历寺最后并未发挥研究及教育机关应有的功能。延历寺以"东塔""西塔""横川"三塔为起点,并在各山谷之间营建僧房,数量达十六山谷、三千僧房,各山谷僧房相互对立轮流抗争。僧侣分别与专注做学问的学僧及负责寺院杂务的大众[3]抗争。其中更以寺院大众为甚,他们

---

1 山门:此处代指比叡山延历寺。
2 十二禅众:在比叡山法华三昧堂修行"常行三昧"的十二个僧人。
3 大众:这里指比丘集团,多数僧侣、众徒。

在诸国庄园间广泛地活动。此外，僧兵以延历寺山门内作为集合根据地，与属于寺门[1]的园城寺、石清水社、兴福寺相互对立，极尽横暴之能事。

法然见到佛教如此混乱，便发愿以救济民众为职志，开创新的佛教教派。他认为"若必须以造佛像、建佛塔的方式来普度众生，那无异切断贫穷困乏或身份低微的人转生极乐净土之路"，"现世更应回归到佛陀涅槃的本质，唤起平等众生的慈悲，一心念佛至心信乐以达本愿"，主张回归原始佛教，民众救济口唱佛号。这就是净土宗。

紧接着，亲鸾的净土真宗（一向宗）、一遍的时宗、荣西的临济宗、道元的曹洞宗、日莲的法华宗等宗派相继诞生，统称为"镰仓佛教"。这些新宗派的开山始祖在比叡山潜心修行，并超越比叡山开创了新形态的教派。尽管创始于比叡山的新佛教时而遭受传统佛教及当权者的迫害，但信众却逐日增加。

1　寺门：天台宗分裂为山门派与寺门派，僧兵主力各为山门的延历寺与寺门的园城寺。

佛教新教派出现

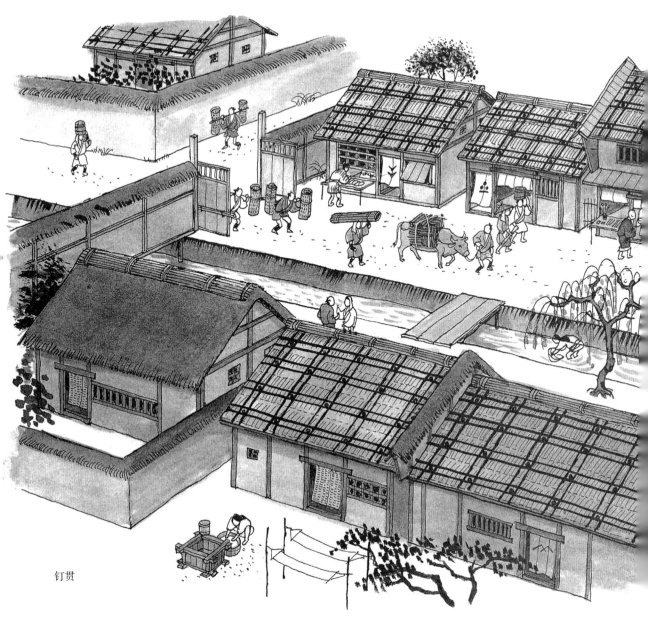

钉贯

钉贯与篱屋

　　京都三小桥西边有家叫作"钉贯屋"的旅馆，直到近几年都还能看到画着很大的钳夹式起钉器的广告牌吊挂在檐前。有许多人以为钉贯屋的名称由来，是原本经营贩卖起钉器的商家转型成旅馆，直接承袭了原本的店号。但事实并非如此，其实是因为这里过去是一个町的木户（栅门）所在，而町门在当时被称为"钉贯"。

　　所谓钉贯，就是贯穿在古时名为"杭"的横木

之间的一种栅门。"杭"指的是两根支柱，横木则贯通支柱上方，支柱下方装有对开的门，这种门就叫作"钉贯门"。中世之后，连同没有门板的简单栅门也都称为钉贯，是町的治安防御设施。钉贯屋旅馆的所在地正好位于近代某町的木户口（栅门口），此地设有钉贯才是这家旅馆名称的由来。近世京町的居民为保身家性命，会在町设置木门及钉贯。

　　中世时，幕府为改善治安还在京都设置了一

种名为"篝屋"的机构，主要负责京中区域的警备，在京武士需在交班时于夜间焚烧篝火。1335年（建武二年），著名的"二条河原落书[1]"曾记载："町内篝屋林立。"镰仓时代末期，京内的篝屋多达四十八所。

系统性设置篝屋的政策从第四代将军藤原赖经上京之后的1238年（历仁元年）开始实施，钉贯也约莫发展于同一时期。篝屋是镰仓幕府当权者设计的一种治安对策，与此相对，钉贯则更像一种各地居民自发建立的机制。

镰仓时代末期，各地反幕府运动相继展开，导致负责守护京都安全的六波罗探题势力逐渐削弱，町内的居民不得不自我防卫，钉贯机制正是该时空背景的表征。尔后历经日本南北朝时代和室町时代，钉贯的功能更显重要，钉贯机制使町众团结一致守望相助，对自身财力也更有了自信。

1　落书：批判政治社会现象的匿名文书，通常散落或张贴在容易引起人注意的地方。

篝屋

二条河原落书

身处政权中心的镰仓幕府内部逐渐出现矛盾。当初的合议制到了北氏势力继承者得宗当权时，变成所有权力与幕府中枢全由得宗掌握运作，于是开始有人发出质疑。

镰仓幕府主从关系的基础是主上的"御恩"和下属的"奉公"。但在蒙古来袭的文永之役（1274）和弘安之役（1281）后，已无恩赐的土地可供分配，自然导致御家人（家臣）对幕府产生不满。

而京都朝廷方面则梦想王政复古，在此风潮之下，后醍醐天皇计划的倒幕行动渐渐为人所接受。为了摧毁朝廷的势力，幕府方面原本派出大将足利尊氏前往平乱，但由于足利尊氏倒戈，使得镰仓幕府走上灭亡之路。1333 年（元弘三年），建武政权正式成立。

后醍醐天皇在鸭川附近的二条富小路设立政厅，以醍醐、村上天皇的治世为目标，天皇亲政为理想，开展建武新政。后醍醐天皇充满自信，事事以自我为中心，完全无视先例，以"朕之新仪为未来之先例"，但终究无法改变时代的潮流。当时已不是贵族政治时代，而是武家政治时代，以御恩和奉公决定土地所有权等已成为习惯，后醍醐天皇却推行一连串无视于此的政策，使得武士阶层爆发不满。甚至，朝廷官员中也有人对建武新政出现反弹情绪。这些反弹就表现在著名的二条河原落书中，这件事情也记录在《建武记》。

1334 年（建武元年），在紧邻二条富小路政厅的鸭川二条河原处立了一块板子，上书"近来京城流行者，夜讨强盗假官令，召人快马空骚动"等八十八行文字，内容是在批判新政府、讽刺社会乱象。文辞呈七五调，意在模仿平安时代末期流行的"今样"[1]歌谣，在当时社会成为震撼性的话题。其中如"京童口中所唱者，仅近十分之一矣"，首次借用京都平民和京童之口，表达批判之意。值得注意的是，这落书竖立在紧邻天皇居所的二条河原，说明在当时，河原可能是公权力难以触及的特别空间。

落书写出种种社会怪象，如僧侣在天皇近侧谄媚奉迎、陷害他人；新设的判决机构由无能之人主持；不谙宫廷文化的人突然变得尊贵，时常进出宫中等等。作者观察敏锐细微，应该不是一般庶民或武士，而是知识分子。最后一句"天下一统难成就"，表现出强烈尖锐的京童批判精神。这个预测完全应验，新政权维持不到三年就瓦解了，接掌实权的是东国武士团的首领足利尊氏。

1　今样：日本平安时代中后期开始流行的歌谣形式，原意为"时下盛行的风格"，起初多为民间艺人表演传唱，歌词也主要表现下层百姓的生活，后来也被上流社会接受。——编者注

花之御所

　　1336 年（建武三年），足利尊氏驱逐后醍醐天皇的军队，重回京都，制定新的政治方针"建武式目"，并诏告天下。此即室町幕府的成立，新政权取代天皇亲政，再度由武士执政。然而，后醍醐天皇立刻悄悄逃往吉野，反对新即位的光明天皇，采取与幕府对峙的态度。

　　人们称后醍醐天皇政权为南朝，幕府政权为北朝，往后的南北朝争斗持续了五十多年。

　　南北朝的动乱，不仅来自两个朝廷之间的争斗，

也来自幕府内的分裂与对决，体现为双方武将不断倒戈争战等一连串的复杂过程。因此，京都经常成为战场。《太平记》第三十三卷记载："二十余年来，天下处于兵乱，不仅禁里、仙洞、竹苑、枌房（皇后住所），公卿、殿上、诸司、百官的房宅也多遭焚毁，存者仅十之二三，……除了京白川武士宅邸，庶民房舍一间不存。"这是记述 1355 年（文和四年），南北二军以京都为战场，展开激烈争战后的情景。

　　继终日埋首争战的祖父尊氏、父亲义诠之后，

年仅十岁的足利义满在1368年（应安元年）即位为第三代将军。依照足利义诠的遗言，由细川赖之以管领之衔辅佐足利义满。这个时期，楠木正成的第三子、南朝重臣楠木正仪也归顺北朝，南朝势力顿时衰退。《太平记》记载这个时代是"中夏无为（京都太平）之世，为世人庆贺之事"。

足利义满与细川赖之为了充实内政、提升幕府权威、集权力于将军一身，开始设置相关机构。其中一项，就是在现今上京区同志社大学今出川校区附近建造新的政厅兼将军宅邸。

现在室町今出川的角落还竖立着一块石碑，上书"自此东北为室町幕府旧址"。由于挖掘调查还未

完全进行，整个情形尚未确定，但预估新宅邸东西从乌丸通到室町通，南北自今出川通至上利通，占地东西一町、南北二町，面积广大，其中心地点是崇光上皇的御所旧址。御所是由足利义诠买下献给上皇的，但1377年（永和三年）发生大火，只留下灾后残迹。

将军的新宅邸在1381年（永德元年）完成，由于位于室町通，被称为"室町殿"或"室町第"。宅邸中引入鸭川河水，作成一町四方的池塘。据说池塘周围种满各种四季花木，一年之中都花团锦簇。因为这个美丽的庭园，室町殿也有"花之御所"之称。此外，由于足利义满的花之御所位于室町，"室町幕府""室町时代"也渐渐成为普遍说法。

花之御所完成之后，足利义满在永德二年开始建造禅寺——相国寺。1399年（应永六年）完成一座高达三十六丈（约109米）的七重塔，比平安时代末期白河天皇所建的法胜寺九重塔还高出30米，向天下展示着将军的权威。

金阁

金阁与银阁

提到室町时代的代表性建筑，相信所有人都会想到金阁寺和银阁寺。

1397年（应永四年），第三代将军足利义满在衣笠山东麓建造北山殿，在其一角建了一座舍利殿——金阁，这就是金阁寺名称的由来。足利义满出家后，将花之御所让给儿子足利义持，并以北山殿作为后来的居所。足利义满死后，这座建筑物改为寺院菩提所，后来命名为"鹿苑寺"，但人们一般还是称之"金阁寺"。

北山殿除了"铺玉贴金建造"的舍利殿金阁之外，还有作为护摩殿的寺院建筑、承自平安时代传统的寝殿造公卿之间，以及如会客厅般的武家屋敷等建筑。

粘贴金箔的金阁是一座三层建筑，据说以足利义满经常前往修禅的洛西西芳寺为蓝本建造。第一、二层为寝殿造样式，第三层是中国风的禅宗样式佛堂。第一、二层面积较大，第三层缩成面宽三间的正方形平面。屋顶是几条屋脊在中心收拢的攒尖顶样式，称为"宝形造"，宝顶处有一座镀金的铜制凤凰像。金阁长期以来并未受到战乱与大火的波及，一直保留到二战后。然而1950年（昭和二十五年）遭纵火烧毁，但旋即重建恢复原状。

金阁完成后约半世纪，第八代

将军足利义政兴建东山殿，其中有一座贴银箔的观音殿，即俗称的"银阁寺"。足利义政逝世后，这座建筑改名为"慈昭寺"。经过1558年（永禄元年）的战火摧残后，义政时代仅存的建筑物就只剩下这座又名银阁寺的观音殿以及持佛堂的东求堂了。据说当时还有泉殿、会所、常御所、大台所、对屋、东侧净土寺山腰的西指庵和山上亭等建筑，皆以西芳寺为蓝图修建。由

此可见，其中当然有和金阁互别苗头的意味。

不论金阁还是银阁的兴建，都立基于将军的权势。但是两位将军的境遇却南辕北辙。足利义满建造的金阁，是给权力与威势兼具者居住的宫殿，而非隐居处所。当时的记录称"后小松天皇成为义满的养子"，可见足利义满似乎成了为所欲为的"上皇"或"法皇"。在往生者名册及灵位中，足利义满被冠以"鹿苑院太上天皇"或

银阁

"鹿苑院太上法皇"的事实，早已广为人知。

相对于此，足利义政的实权早已被母亲日野重子、妻子日野富子，以及重臣斯波氏、细川氏、山名氏剥夺。因此东山殿可说是他的隐居处所。足利义政逃离政治世界，耽溺在绘画和庭园造景（搭配石木水池设计庭园）等艺术世界之中。

在文化层面上，金阁和银阁也具有对比性。可分为在义满时期达到鼎盛期的北山文化，以及在义政时期达到顶峰的东山文化。从北山殿的建筑可知，北山文化的特色是融合公卿文化与新兴武家文化。而东山文化是在公卿文化与武家所代表的传统文化中，加入由五山僧侣传入的中国宋朝文化，以及因为商业活动的经济势力而发展出的庶民文化一起融合形成。此外，金阁呈现寝殿造风格，银阁则为书院造风格，也表现出当时住宅样式的改变。

应仁·文明之乱

从应仁元年到文明九年（1467—1477）整整十一年间，以京都为中心蔓延到全国的纷乱，被称为"应仁·文明之乱"。《应仁记》便是以此为题材撰写的战争记事。该记事在最后写道："虽谓治乱兴亡自古习之，然应仁之一乱者，王法佛法，均破坏灭亡矣。"并以一首和歌作结："汝可知／京城荒野边／暮色中的云雀呀／见汝入夕空／已然双泪垂"。这首诗很有名，表现京城变成焦野，人们心酸悲叹的情状。应仁·文明之乱通称为"应仁之乱"，以上京区为中心，三分之一的京都均烧毁于战火中。

可以说担任管领[1]职位的畠山氏争权夺利，是造成战乱的直接原因。之后，另一位管领雄之细川氏也加入争权。同时，为了争夺将军足利义政的继承人之位，各自拥立将军之弟足利义视和长子足利义尚的家臣相互对立抗衡。这些发展使得情势异常复杂。在此种情况中，又发生了六代将军足利义教在家臣赤松满佑的宅邸遇害惨死的事件，直接削弱了幕府威权，增长了守护大名的势力，进而形成各地群雄割据的局面。东军的细川胜元一占据幕府，西军的山名宗全就立刻在区隔幕府、细川官邸和堀川的一条大宫附近布阵，把大街小巷全都挖成壕沟，加强巩固战备。尔后，山名宗全阵营一带便通称为"西阵"。

战乱发生后，人们开始离京避难。公卿及名僧为避兵焚而逃离京都，可说是应仁之乱的特

1　管领：室町幕府的一种职称，原名"执事"，负责辅佐将军管理和支配领地。

征。时任关白的一条兼良前往奈良，依靠兴福寺当僧侣的儿子一条寻尊；前关白一条教房则前往领地土佐幡多。一条教房的根据地位于现在的高知县中村市，他在此兴建了一个以京都为范本的城镇。这就是由公卿主导建设的小京都。在市区汇流的四万十川和后川，就如同京都的高野川和鸭川，且当地东、北、西三面环山，南面平坦开阔，和京都的地形有异曲同工之妙。后来，这个家族成为战国时代的地方大诸侯。

有名的一休和尚逃往现在京都府田边町一带的南山城地区。广为人知的五山诗僧横川景三与桃源瑞仙逃向近江地区，在横渡湖面前往湖东的永源寺途中，还遭遇盗贼侵袭。此外，飞鸟井雅亲则疏散到近江的甲贺、柏木地区，在湖东三山的百济寺和金刚轮寺设置球庭，教导僧侣踢蹴鞠。

公卿与僧侣移居地方城市的情形，在日本文化史上具有跨时代的意义。这些既不会武术也不懂农耕的逃难者中，有不少人只能依靠在京城中学得的知识维持生计。雏祭（女儿节）、端午节和七夕等从中国传入、只在宫中举行的节庆仪式，也因此有了庶民化的契机。换言之，这种情形造就了宫廷文化的大众化，增加地方民众接触原本专属于知识分子的汉诗、和歌等艺术的机会。应仁之乱使得知识分子移住地方，促进了中央与地方之间积极的文化交流。

许多织布裁缝师也移居到地方，并在此习得从海外传进的新技术。战乱后搬回京都的纺织匠人，在原东阵营地的白云村组成"练贯座"，缝织绢绸。据说在原西阵营地的"大舍人座"缝织的斜纹绫织，就是日后"西阵织"的起源。

町的围篱——町众自我保卫

　　许多民众为了躲避应仁之乱后的战国动乱而逃离京都，但是选择留下的人也不在少数。京都市区分成了武家公卿官邸和寺院神社林立、具政治中心性质的"上京"，以及以鉾町为中心、提供祇园祭庆典用车的商业区"下京"。上京与下京借由纵贯南北的室町通相连。为了在失序的乱世中存活，面对纵火、掠夺的威胁，民众被迫自行保卫自家的生命财产安全。

灵构等等。当然，构并非专属于町，不论是皇宫里的御所和公卿武士官邸周围，还是近郊的村庄也都有架设。在这些地方，也会先设置钉贯和栏栅并配置守门员警戒，再在周围掘渠、架设刺木栅栏和兴筑土墙形成构。

更有趣的是，连公卿也会协助建设町郭。这在山科言继（位居正二位的权大纳言）的日记《言继卿记》中有所记录。1527年（大永七年），山科言继为了防范士兵入侵自宅所在的禁六町，就在町口处构筑町郭，并提供十枝竹子和酒给协助者。由此可知，乱世之际，布衣和公卿会共同合作整顿地区生活。

这个时期，透过山科言继这类居住在町内的公卿口传，开始使用起"町众"这个名词。町众和公卿为了地区的生活同心协力，努力保护町，这种团结力量促成了祇园祭等町众文化的诞生。

为了自卫和自治而集结在一起的町众造就了町，光上京就产生了一百二十个町。在元龟年间（1570—1573），由町组成的町组，上京有五组，下京也有五组。以上、下京为单位的町组总称为"总町"，总町由各町组选出的耆老共同管理。在上京和下京设有各自的"总构"，上京的中心在革堂，下京的中心在六角堂，作为总町的集会会所。当町发生危急时，便敲响钟声警告整个总町内的居民。京都因这种结构而发生了极大的转变。

定都平安京以来实行的"一町四方"生活单位也面临重大挑战。町仍然是居住单位，但从先前条坊制的町，变成隔街相对望的两侧房舍形成的町。为了自卫，每个町都在道路两侧设置了町口栏栅——钉贯，甚至还以刺木或竹子围成名为"构"的围栏，构筑成沟渠围绕的"町郭"。

根据古代记录可知，上京的构包括实相院构、白云构、田中构、柳原构、赞州构、御所东构、山名构、伏见殿构、北小路构、武卫构、御

町堂与町众

应仁之乱将京都盆地分割成东西两个阵营，各自布阵。其间战火绵延，导致城内城外大半的建筑都被破坏。庐山寺、青莲院、圣护院、珍皇寺、仁和寺等等，遭战火波及的大寺院就有数十座。自古传承的寺院神社大多被烧毁殆尽，只有千本释迦堂、六波罗蜜寺、八坂的法观寺、北野神社、东寺等寺庙的主建筑得以残存。

被烧毁的寺庙中，清水寺仰赖布施居士，一点一滴募集捐款资金，才得以重建。而自古凭借贵族力量来维持的寺院，大多自此荒芜，直到近世才得以兴复。

而与此相对，熬过战乱的町众则代替贵族振衰起蔽，竭尽全力重建荒芜的京都。此时，新兴宗教信仰在他们之间流传。聚集着京城庶民信仰的"町堂"，取代了象征古代权威的寺院，如雨后春笋般出现在市井之中。留存至今的革堂（行愿寺）、六角堂（顶法寺）、因幡药师堂（平等寺）等，便是当时蓬勃发展的代表性町堂。

町堂内祭拜的佛像大多是观音、药师和地藏菩萨。兴之所至，町众便在町堂聚会。町堂不仅是祈祷现世利益的场所，也是在乱世中得以据守自治的集会地点。

应仁之乱发生前，京城各地即已兴建町堂。由一遍上人设立的"时宗道场"就是其一。被称为"时众"的信众，成立七道场（金光寺）、大炊道场（闻名寺）、四道场（金莲寺）等据点，除了边舞蹈边念佛外，还在忘我的集体性宗教催眠气氛中，祈祷发愿前往西方极乐世界。

以往的大寺院是为了替有权者拜神祈福而建，但町堂则借由庶民的力量建造营运。经由这种转变，町众虽然饱受战火摧残，却依然能源源不断地集聚能量，"我们的街区（町）"这种地域共同体意识因而萌芽。町堂是京都市民文化的推手，与町众文化的兴起密不可分。

当时，日莲上人阐扬的法华宗，否定现实世界的既有权力结构，期待世间出现理想的世界——"释尊御领"，逐渐形成了一种"皆法华圈"的氛围。在京都，日莲的弟子日像传授法华的理想和现世利益的教义，深植于京都町众的心中。为了在战国乱世存活下去，法华的理想成为能和这些围筑了"町构"以期自保自守的町众心理相结合的理念。京都兴建为数众多的法华宗寺院，寺院周围也采用了挖沟渠、筑土墙等防御系统。1532 年（天文元年）的"法华一揆"之乱，甚至有三四千下京上京的日莲町人共聚六条本国寺。

战国时期的国民议会——国一揆

如同当时的文献所说，"京中三分之二掘成了大壕沟"，在战国时代的动乱中，京都城内为了自保而崛起的町，大幅改变了过去的町坊形态。人们在南山城、大和及近江的村落，形成了挖掘壕沟、筑起土居的环壕聚落"垣内"。村落中的自治组织非常发达，称为"总"。村民以守护森林和村堂为主要任务，有着坚定的信仰并团结一致。在近江的菅浦和今堀等聚落，还留有记载这类自治团体活动的官方记录。

"总"并未仅止于"总村"的形态，还进一步形成了地域的联盟，称为"总村联合"。例如京都盆地东部东山外的山科地区，就有七个乡的乡民联合起来，定期举办野外会议（称为"野寄合"）以示团结。总村联合先进扩大，形成了"总国一揆"。"一揆"到了江户时代特指农民为反抗领主结成的集体势力，但在此表示"汇揆为一"，亦即横向联结起来的纽带。"山城国一揆"始于1485年（文明十七年），参与者自立"总国"，并于1486年二月，在宇治平等院集会。

总国除了制定自治的"国中掟法"，禁止领主介入，还自行行使警察及审判权，这就是所谓的"山城国万众一心"。其中最具代表性的政策就是每月定下"总国行事"的时间按规定运作。明治末期，创设京都大学历史系的历史学家三浦周行教授，将这种自治性的集会称为"战国时代的国民议会"。曾经是平安贵族醉心的极乐净土宇治平等院，此时得以发挥新功用，成为民众聚会的"国民议会堂"。

由山城国一揆创立的"自治国"只有八年寿命，1493年（明应二年）重新被纳入了新的管理机构。然而山城国一揆的影响已经波及各地，在京城西侧的西冈也兴起了国民议会的风潮。全国范围内陆续出现了丹波国一揆、摄津国一揆、河内国一揆、和泉国一揆等组织，自治活动在各地兴起。虽然运作时间都很短暂，但这种民众运动所展现的自治和自卫力量，其意义不容忽视。

16世纪中叶，根据活跃在天文至永禄年间的伊贺总国一揆所制定的律法记载，遭逢他国攻击时，民众需万众一心、共同防卫。末尾第十一条明记："伊贺国的防卫已准备妥当。铃鹿山另一侧、出身邻国甲贺的战国武士自治联盟'郡中总'提出了联合防备的请求。因此将在国境铃鹿山顶附近召开野外集会。"显示是在记录面对战国武将的攻击，总国联合对抗的状况。向来被称为"纵向社会"的日本，在中世末期的动乱中，出现了横向联结、结盟的动向，其影响力不可小觑。

山科寺内町

搭乘新干线从京都站向东出发，穿过东山隧道便可自西向东横越山科盆地。此时仔细注视窗外，在高层公寓群旁，应可见茂密繁盛的绿色山丘、小溪及大型寺院的屋瓦。这绿色山丘和小溪，就是中世末期盛极一时的"山科寺内町"周围的土居和壕沟遗址。

1478年（文明十年），净土真宗（一向宗）开始在盆地中央偏西的位置，也就是当时的山城国宇治郡内野村，兴建本愿寺。重建本愿寺一直是自从1465年（宽正六年）比叡山山门信徒破坏了京都盆地东侧的大谷寺院和住宅后，信众念兹在兹的愿望。由本愿寺中兴之祖莲如指挥兴建，于1480年（文明十二年）岁末，完成了最主要的建筑御影堂。

山科寺内町是一个以本愿寺为中心发展而成的町镇。整体可分成三大"郭"，各自以土垒和沟渠划分，具有对抗外来攻击的防御力。整座町环绕着壕沟与土居，是个如同要塞般的町镇。第一郭称为"御本寺"，包括御影堂、阿弥陀堂、寝殿等本愿寺的主要建筑物。第二郭称为"内寺内"，据说是本愿寺运筹工作者的居住区。第三郭称为"外寺内"，其中兴建了许多本愿寺门徒的住所，也有画匠以及贩卖糕饼、盐、酒、鱼等商品的商人穿插居住其间。建设寺内町的莲如的墓碑留存在第三郭，其附近被称为"山科大手先町"，可知该处即是寺内町的正面。

当年，位于大谷的寺庙住居遭破坏后，莲如逃往近江的坚田地区。不久，便开始在加贺与越

前两国边境的吉崎地区兴建寺内町，并持续积极从事弘法活动。到了文明十年，为了重建本愿寺和寺内町，莲如回到睽违十三年的京都附近的山科盆地。山科盆地面朝从东国和北陆前往京都的要道。

莲如在吉崎地方兴建的寺社就是寺内町的雏形。当时要抵抗来自反对"一向宗"的势力的攻击，就必须驻屯众多的佣兵来保卫寺院。吉崎寺内町就如同一座前线军团都市，他们活用在吉崎寺内町的经验，于山科建造了一座环绕壕沟的要塞型都市。

来自近江、畿内以及加贺、能登、越中等地的门徒，支撑着寺内町的建设工程及防御工作。他们被统称为"番众"，轮番前往山科更替执行防卫本愿寺的任务。前往山科被称为"上京"，而留滞于山科则称为"在京"。对地方门徒而言，

本愿寺所在的山科，占据着他们心目中本愿寺佛法王国的首都地位。

山科寺内町兴建约十年后的1488年（长享二年），以"吉崎御坊"为根据地的本愿寺教团，继加贺一国之后筹组"一向一揆"，终于以武力放逐了担任加贺守护大名的富樫政亲。从此，加贺成为"百姓拥有之国"。事实上，加贺的年贡钱粮陆续运向山科本愿寺，使得寺内町更加繁荣。公卿鹫尾隆康曾于1532年（天文元年）留下记载山科寺内町景象的文字："庄严宛如佛国。"比起历经应仁·文明之乱而残破不堪的京都，在一座东山之隔的山科盆地建设的寺内町，是一个根据佛法戒律来运作保护、处罚等规定的理想世界，是一个能够令人陶醉于"佛法领域"的地方。

然而就在被记录为"宛如佛国"的这一年，山科寺内町在近江守护大名六角定赖及日莲信众的攻击下烧毁殆尽，仅五十年的历史就此落幕，本愿寺也就此迁移至石山（今大阪城附近）。

南蛮寺

　　我们通常用"三国传来"这个说法来描述佛教文化传入日本的路径。三国指的是天竺（印度）、唐土（中国）和朝鲜。对当时的日本人而言，外国指的就是这三个国家。然而，在16世纪中叶，却发生了极具冲击性的事件。1543年（天文十二年）八月，载着葡萄牙人的葡萄牙船只漂流到种子岛；天文十八年，耶稣会传教士沙勿略（Francis Xavier）为了传教来到日本，翌年秋天他越过堺[1]，到访京都。这是京都第一次与西方人接触。

　　传教活动开始于北九州岛，1551年（天文

<hr />

1　堺：地名，今大阪府泉北地区。——编者注

在无法确保有足够用地兴建其他修道院的情况下，只好寄望于建构圣堂的二层和三层。结果，下京的居民对此圣堂的建设提出反对意见："一、如果圣堂修了二层和三层，信长兴建的建筑就会显得比圣堂还低矮简陋。二、未曾有将僧侣住居建于寺院之上的习惯。三、僧侣从上望下来，将使得附近姑娘、妇人无法走出庭院。"但是据说织田信长的亲信，掌管京都民政事务的村井贞胜表示"应于建筑起建前申请"，并答复："京都城中除了本座圣堂外，另有三四层的高层建物，织田信长并未在意。就第三点而言，将要求在窗外设露台，使其无法直接下看庭院，只能眺望屋顶或远景。"

相传狩野元秀描绘的《洛中洛外名所扇面图》中有一幅《南蛮楼之图》。成为南蛮寺中心的天主堂，是一座如小型天守阁般的和式三层建筑物。同年，由织田信长兴建并成为日后城郭建筑基础典范的安土城完工，或许，南蛮寺反倒成为兴建城中天守阁的蓝图。无论如何，这座洋溢着异国风情的圣堂在当时确实非常新奇，成为京都的新名胜，汇集了许多参观人潮。南蛮寺彰显出基督教徒的存在。

可惜的是，再次统一天下的丰臣秀吉，于1587年（天正十五年）颁布《伴天连追放令》，使得这座寺院连同关西、肥前地区的五十三座南蛮寺，均遭受拆毁的命运。

1973年，同志社大学文学部在推定为南蛮寺遗址的姥柳町进行挖掘调查，发现了可能是中门大柱的遗迹，以及像是寝间厨房遗迹的石板地。经由这项结果，得以大致推测出天主堂的位置，现已有民房搭建其上。出土遗物中，包含了一块长12厘米、宽7厘米的石制砚台，砚台背面以细线刻画了两个行礼如仪的人物。根据挖掘到石砚的森浩一解释，图案描绘的是戴着眼镜的司祭和侍从。这是首次经由挖掘工作发现日本基督教的风俗。

二十年），南蛮寺（教堂）已出现在山口境内了。京都的第一座南蛮寺始建于1569年（永禄十二年），织田信长允许传教士路易斯·弗洛伊斯（Luís Frόis）在今中京区蛸药师通室町西入口的姥柳町修建住所。虽然当时还是足利义昭将军的时代，但是信长挟强大军事力压制京都，足利家早已不再拥有实权。

1576年（天正四年），在信长的支持下，这座南蛮寺得以重新翻建。根据弗洛伊斯的记录，由于无论出价金额多高，周围地主都不愿卖地，

新形态艺能的诞生

中世末期，真可谓"疾风怒涛"的时代。当时为了自卫与自治，出现了新形态的村町，加由新兴宗教的萌芽，孕育出了新思想，进而发展出崭新而盛况空前的独特文化。

其中，"书院造"[1]的诞生和"枯山水"[2]庭园造景的完成，对日本建筑影响至巨。装饰住宅内部的挂轴、袄绘[3]、插花、工艺品等生活文化的基本雏形也在此时齐备。在近代西方建筑传入之前，这个时代的建筑构筑了日本住居空间的基础。

从画家雪舟开始，水墨画盛况空前，影响一直延续到江户时代末期。其中，成为纸门、墙壁等障壁画范本的狩野派，就在这个时期诞生。茶

---

1 书院造：由寝殿造逐渐发展而成，在建筑物内部增加书院、棚（违棚）、床（龛）这三种配置。
2 枯山水：一般指在铺地沙子表面画出纹路来表现水的流动，再叠放一些石块的日本式园林景观。
3 袄绘：隔间板绘饰。

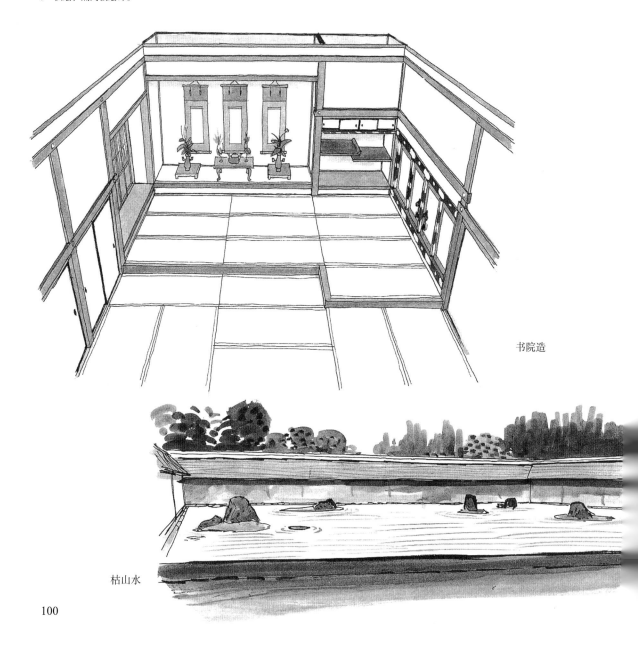

书院造

枯山水

100

道与花道也在此时期奠立基础。室町时代可说是现代日本传统文化的滥觞，无人可以忽视，在艺能领域的表现也不例外。

日本传统艺能的两大代表"能"和"狂言"，就在这个时期成形。来自大和的父子观阿弥和世阿弥将原来的"猿乐"升华成具有高度艺术性的能，在此之前，能充其量也只是寺社祭祀时在神前展示歌舞余兴的一种杂技而已。

能起源于古代飞鸟时期从大唐传来日本的"散乐"，是指"雅乐"表演结束后附带演出的曲艺或杂技。平安时代称之为"猿乐"，有人靠这种表演谋生。

镰仓时代，在原本只是杂技的艺能中添加故事性，并配合歌舞，被称为"猿乐能"。同时期，据说还有起源于田耕祭祀的"田乐能"，以及源自宫廷艺能的"延年能"等。观阿弥、世阿弥以这些能为基础，竭尽所能地加上白拍子、曲舞等既有的表演艺术，终于完成了猿乐能。这就是现代所谓的能乐。由于世阿弥深受足利义满的宠幸，将军家的庇护对能乐的形成和发扬光大起到了关

能

键作用。

　　和能成套演出的是狂言。狂言将散乐中滑稽的部分独立出来，内容兼具反权力及讽刺的特性，其特有的即兴和滑稽深得大众的喜爱，自成一格并具独特地位。而由于这种反权力及讽刺性，有时也遭到禁演，但从观阿弥的时代开始，狂言就穿插在能之间演出。

　　观阿弥、世阿弥父子的出现，提高了人们对能的评价，从事专业演出的艺人受到武士政权和大寺院的保护与赞助，在艺能领域百花齐放。

　　同一时期，京都出现了名为"手猿乐"的业余艺能团体。其中，除了自古以来就居无定所的杂耍艺人外，还加入了具经济力、身为新京都市民文化舵手的町众。他们逐渐对歌舞产生兴趣，仅只观看专业团体的演出已不能获得满足，反而乐于粉墨登场，表演业余秀自娱，其中也有不少人因反复表演而成为艺人。

　　当时京都流行"女猿乐"，团中仅有女演员的"猿乐一座"曾经有公演记录。足利义政时期首次有女猿乐记录。至于江户初期1603年（庆长八年），由出云阿国首次在京都演出的歌舞伎，也深受猿乐能的影响。在所有艺人演员中，狂言师占有极重要的地位。同时以女性为中心的角色分配，也深受女猿乐的影响。

　　室町时代是一个独特艺能高度发展的时代，支持这些成就的"散所"民众功不可没。所谓的"散所"[1]，是和"本所"[2]相对应的称呼。在全面实施"班田制"的律令体制下，每位民众理应都住在固定住所。然而，逃避课税、兵役而不登记户籍的游民增加，他们以道路、河原、寺社境内为家，这些地点就叫散所。到了中世以后，连原本居住在这些地方的人也被称为散所了。这些人当中，有为数众多靠表演杂技为生的街头艺人。在散所之中占据最大空间的就是河原，这里可谓是自由的空间。

　　在足利义政的支持下，观世座在河原（现在的下鸭神社附近）举办了大规模的慈善公演。虽然出云阿国首次在京都演出歌舞伎的地点已不可考，但四条河原旋即成为歌舞伎的据点。这与该处是散所，是游民根据地的属性不无关系。鸭川的河原原本因为容易泛滥，长久以来一直是社会底层民众的栖身处所，此时也因缘际会成为新艺能兴起之地。

1　散所：无固定住所。
2　本所：有固定住所。

大文字与五山送火

　　八月十六日的夜晚，由京都盆地东边大文字山的"大"字开始蔓延到北边和西北边的"五山送火"活动，依次燃起"妙法""船形""鸟居形""左大文字"的文字图形，将京都的夜空装点得无比灿烂。在五山送火中规模最大的，就数位于东山最高峰如意岳（477米）西边连峰山脊上点燃的"大"字，也称为"大文字送火"。五山送火和祇园祭都是京都特有的夏日风情，广受欢迎。对于京都本地人而言，借由五山送火可以切身感受到从溽暑的夏季到秋季的季节更迭。

　　虽然是名满天下的节庆，却没有任何记载其目的和起源的确切记录。据说大文字是足利义满为了替夭折的儿子足利义尚的亡魂祈求冥福，听从相国寺横川惠三的指导而点燃的。有人认为书写"大"字的是空海，也有一说是安土桃山时代的公卿兼书法家近卫信尹。遗憾的是，没有史料能够佐证其中任何一种说法。不过，17世纪确实曾举行这项庆典，1658年（万治元年）山本泰顺撰写的《洛阳名所集》和1662年（宽文二年）中山喜云所著的《案内者》均有记载送火的情形。当时举行送火仪式的只有"大文字""妙法""船形"三处。"妙法"属于法华宗最盛行的松之崎地区，与当地的唱诵题目[1]有密切的关系。所谓"船形"的"船"，似乎并非指乘载亡灵的亡灵船，而是指朱印船，包含着带领町众飞向海外的雄心大志。之后又增加了"鸟居"和"左大文字"。后来还有烧出"い"、"一"、竹端铃、蛇、长刀等各种形状的送火仪式。

　　送火仪式可能起源于16世纪中期的天文到永禄年间。当时京都各地兴起在巷弄点灯祭祀亡灵的习俗，甚至被誉为"近来最值得一见"的盛景。

　　如果说祇园祭展现的是下京区町众的实力，五山送火则是上京区町众和近郊乡民同心协力展示的气魄。既能缅怀京都过往的故人，又能切身感受生活在京都的愉悦，大文字送火至今依旧烧亮夏日的夜空。

1　唱诵题目：指唱诵《南无妙法莲华经》的"唱题成佛说"。

京都相关事件年表

	公历	和历		大事记
平安时代	784	延历三年		十一月迁都长冈京。
	788	延历七年		最澄于比叡山创寺（后来的延历寺）。
	794	延历十三年		十月迁都平安。首都从长冈京迁移至山背国（山城国）的葛野郡，次月命名为平安京。
	796	延历十五年		创建东寺和西寺。
	800	延历十九年		七月桓武天皇行幸神泉苑。
	818	弘仁九年		设置检非违使。
	823	弘仁十四年		一月赐空海东寺（教王护国寺）。
	824	天长元年		设置防鸭河使。
	828	天长五年		十二月空海创设综艺种智院。
	863	贞观五年		五月在神泉苑举行御灵会。
	866	贞观八年		闰三月应天门大火（应天门之变）。
	869	贞观十一年		瘟疫流行。祇园社竖立六十六支鉾（长矛），并列队前往神泉苑（祇园祭的起源）。
	901	延喜元年		一月菅原道真遭贬为大宰权帅。
	935	承平五年		二月发生平将门之乱（承平天庆之乱的开始）。
	938	天庆元年		空也在市井传道。
	947	天历元年		六月在北野兴建菅原道真的祠堂（北野天神的创设）。
	960	天德四年		九月内里首次被烧毁（之后屡遭祝融）。
	963	应和三年		空也创设西光寺（六波罗蜜寺）。
	976	贞元元年		五月内里付之一炬。六月京都大地震。十二月冷泉天皇移驾堀河第（里内里时代的开始）。
	978	天元元年		藤原兼家的东三条殿落成（寝殿造）。
	982	天元五年		庆滋保胤撰写《池亭记》。
	994	正历五年		京都发生瘟疫，死亡者众。
	1005	宽弘二年		十一月内里焚毁，神镜化为灰烬。
	1022	治安二年		七月举行法成寺的金堂、五大堂落成启用典礼。
	1052	永承七年		末法第一年。七月藤原赖通将宇治的别苑改为寺院，命名为平等院。翌年，凤凰堂落成。
	1083	永保三年		十月白河法胜寺的八角九重大塔竣工。
	1086	应德三年		七月着手营建鸟羽离宫。十一月白河上皇于白河问政，院政开始。
	1156	保元元年		保元之乱。
	1159	平治元年		平治之乱。
	1167	仁安二年		二月平清盛任太政大臣，政治中心移至六波罗。
	1177	治承元年		四月京都大火，三分之一的京城遭祝融肆虐（太郎烧亡），大极殿烧毁，不再重建。六月在鹿之谷发生密谋事件。
	1178	治承二年		京都大火（次郎烧亡）。
	1180	治承四年		四月京都大火。六月迁都福原。八月源赖朝于伊豆起兵。十一月还都京都。
	1185	文治元年		二月屋岛之战。三月坛浦之战。平家灭亡。
镰仓时代	1192	建久三年		七月源赖朝成为征夷大将军，开创镰仓幕府。
	1221	承久三年		五月承久之乱。六月幕府军队入京。设置六波罗探题。
	1227	安贞元年		四月大内里大火，日后未再重建。
	1238	历仁元年		六月幕府在京都设置篝屋。
	1274	文永十一年		十月蒙古军来袭（文永之役）。
	1281	弘安四年		六月蒙古军来袭（弘安之役）。
	1321	元亨元年		十二月后醍醐天皇废除院政，改由天皇亲政。
南北朝时代		南朝	北朝	
	1331	元弘元年	元德三年	五月发生"元弘之变"。此后南北朝战乱不休。
	1333	元弘三年	正庆二年	五月足利尊氏攻陷六波罗探题。镰仓幕府灭亡。
	1334	建武元年		二条河原落书出现。
	1336	延元元年	建武三年	足利尊氏入京。十二月后醍醐天皇移驾吉野。
	1338	延元三年	历应元年	八月足利尊氏成为征夷大将军。
	1349	正平四年	贞和五年	六月在四条河原奖励举办桥劝进田乐（民间歌舞），看台倒塌，死伤惨重。
	1378	天授四年	永和四年	三月足利义满迁居至室町的新府邸（花之御所）。
	1382	弘和二年	永德二年	十一月足利义满着手兴建相国寺。
	1392	元中九年	明德三年	闰十月后龟山天皇返回京都。南北朝统一。

	公历	和历	大事记
室町时代	1394	应永元年	十二月足利义满任太政大臣。
	1397	应永四年	四月举行北山第（金阁）的上梁大典。
	1428	正长元年	九月山城发生土一揆（正长之乱）。
	1459	长禄三年	八月幕府在京都七口设置新关卡。
	1462	宽正三年	九月发生土一揆，农民入京作乱。三十多个町惨遭烧毁。
	1465	宽正六年	一月延历寺信众袭击本愿寺东山大谷的僧房。莲如逃往近江。
	1467	应仁元年	发生应仁之乱。京都的将军、公卿逃往地方避难。
战国时代	1478	文明十年	一月为了修整内里皇宫，幕府在京都七口设置关卡。十二月庶民为了废除关卡，于山城发动土一揆。
	1480	文明十二年	三月莲如在山科兴建本愿寺。
	1483	文明十五年	六月足利义政移居东山山庄（银阁）。
	1485	文明十七年	十二月组织山城国一揆。
	1486	文明十八年	二月山城国一揆，在宇治平等院制定国中掟法。
	1532	天文元年	八月山科烧毁（法华一揆）。
	1536	天文五年	七月延历寺徒众放火烧毁京都法华寺（天文法华之乱）。
	1543	天文十二年	八月葡萄牙船只漂流至种子岛。
	1544	天文十三年	七月幕府禁止在京城中吟诗作乐。
	1568	永禄十一年	九月织田信长拥立足利义昭将军入京。
	1569	永禄十二年	二月织田信长准许耶稣会传教士弗洛伊斯定居京都。1576年，姥柳町的南蛮寺竣工。
	1571	元龟二年	九月织田信长烧毁延历寺的堂塔。

唐朝长安城（左）与平安京（右）的大致比较

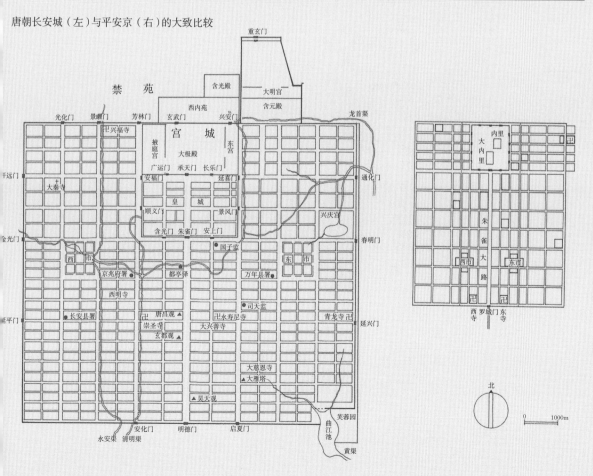